PYTHON
超能学习手册

[美] 本·福达 (Ben Forta)　什穆尔·福达 (Shmuel Forta)◎著　周子衿◎译

U0378534

清華大學出版社
北京

内 容 简 介

本书是作者 5 年 Python 编程教学成果的结晶，采用了布鲁姆教育目标来精心设计全书的结构和内容，同时还结合读者的认知水平和需求，在注重知识性的同时深度融入了趣味性，从做游戏的角度来激发读者学习编程的兴趣，聚焦于编程技能以及逻辑、计算和创新思维的培养与提升。

全书共 3 个部分 24 章，从积极正面的游戏（比如文字冒险类和图形类游戏）入手，以快速、有趣和目标为导向，着眼于帮助读者通过学习 Python 编程来掌握高效率的底层思维框架，从而懂得如何规划、解决问题、沟通，如何培养逻辑思维、同理心、观察力、耐心、适应力、毅力和创造力等。此外，穿插于全书的术语、技巧提示、补充说明及编程挑战等，可以帮助读者进一步理解和应用各个知识点，也是本书很重要的特色之一。

本书适合作为 Python 的入门教材，尤其适合不具备任何编程经验的读者。

北京市版权局著作权版权合同登记号　图字：01-2022-1565

Authorized translation from the English language edition, entitled Captain Code: Unleash Your Coding Superpower with Python, 1e by Ben Forta and Shmuel Forta, published by Pearson Education, Inc. Copyright © 2022 Pearson Education, Inc.

图书在版编目(CIP)数据

Python超能学习手册 / (美) 本·福达 (Ben Forta)，(美) 什穆尔·福达 (Shmuel Forta) 著；周子衿译. —北京：清华大学出版社，2022.6
书名原文：Captain Code: Unleash Your Coding Superpower with Python
ISBN 978-7-302-60812-7

Ⅰ.①P…　Ⅱ.①本…②什…③周…　Ⅲ.①软件工具—程序设计　Ⅳ.①TP311.561

中国版本图书馆CIP数据核字(2022)第080024号

责任编辑：文开琪
封面设计：李　坤
责任校对：周剑云
责任印制：杨　艳
出版发行：清华大学出版社
　　　　网　　　址：http://www.tup.com.cn, http://www.wqbook.com
　　　　地　　　址：北京清华大学学研大厦A座　　　邮　　编：100084
　　　　社 总 机：010-83470000　　　　　　　　邮　　购：010-62786544
　　　　投稿与读者服务：010-62776969, c-service@tup.tsinghua.edu.cn
　　　　质量反馈：010-62772015, zhiliang@tup.tsinghua.edu.cn
印 装 者：小森印刷霸州有限公司
经　　销：全国新华书店
开　　本：170mm×230mm　　　印　　张：21.25　　　字　　数：456千字
　　　　　（附赠全彩不干胶贴纸）
版　　次：2022年8月第1版　　　　　　　印　　次：2022年8月第1次印刷
定　　价：128.00元

产品编号：097098-01

最近几年少儿编程以及青少年编程整个行业算是经历了一个跌荡起伏的过程，从最初灸手火热的资本赛道，到现在的风平浪静，散的多半儿是热钱，留下来的一如既往地踌躇满志和充满热情。

其实这是件好事儿，因为教育从来不是，也不应该是一个快打快冲的领域。它是一个需要不断耕耘，长期积累，持续发挥价值的领域。毕竟，我们面对的是孩子，我们需要的是及时播下种子，准时疏枝散叶和施好肥，然后静待花开！

借这篇序也好好捋了一下自己从这一路以来的变化，第一个阶段，作为一名专业的程序员，面对的主要是业务与代码；第二个阶段，作为一名创业者，面对的主要是产品和市场；第三个阶段，作为一名编程教育推广者和老师，面对的更多是孩子和家长，还有其他老师。

在面对孩子、家长和老师时，我思考和回答得最多的是这样几个问题："孩子为什么要学编程？怎样学才能学得好？老师如何教才能更有效？"

在阅读这本《Python 超能学习手册》时，我有这样一种感觉，作者也把自己对这几个问题的理解完全融入到书中去了。

再遇 Ben 大叔

作为一名曾经的 Flex 和 ColdFusion 开发者，我看过作者（Ben Forta）的书，听过他的演讲，也是他的粉丝。多年以后，我全身心投入青少年编程的推广与教育，一直期待着有一本适合青少年学习的 Python 编程书，不仅要教青少年如何编程，更要教他们如何思考、如何分析和解决问题！当然，有趣更是必不可少的！

这个时候，Ben 大叔的《Python 超能学习手册》出现了，这本书完全符合甚至超出了我和学生们的期待！

两位作者在前言中谈到了他们对孩子学编程的看法以及为什么要写这本书，篇幅不长，却很好地回答了我在前面所提到的几个经常在思考的问题。

为什么要学编程

作者讲到了编程能给你带来一种强大的"超能力"。也和朋友聊到过一个相关的话题："编程给自己带来的最大影响是什么？"虽然每个人对具体带来的影响有不同的描述，但比较有共识的一点是，在这个数字化的互联网时代，正是有了对编程的理解，我们才可以从更抽象的底层逻辑去观察、认识和理解这个世界，从这一点来说，我们确实拥有了"超能力"，我们是幸运的。

作为一名编程老师，我也很清楚，现在的孩子学习编程，并不是都要成为程序员，编程要作为一种通识教育进入课堂。学编程，并不是会用一种语言去编程，更是通过编程去学习，编程能给孩子带来完全不同的思考方式，从这个角度来说，每个人都应该学习编程，孩子更是如此。

就像作者描述的那样，人人都应该学习编程，就如同每个人都应该学习绘画、学习乐器一样，因为这些都是创造性的工作，意味着是在真正地创造，在工作中发挥创造力会带来不同的思考方式，对于这种理解，我简直不能赞同更多！

能学会编程吗

"任何一门学科，在孩子的任何发展阶段，都能以某种智识上诚实的方式，有效地教授给任何孩子。"杰罗姆·布鲁纳曾经说过这句话。

好吧，对于家长来说，观念已经在开始转变，哪怕编程并不属于一个与升学考试直接挂钩的学科（至少目前是这样），大部分家长觉得还是有必要让孩子学点编程，但问题又出来了："孩子能学会编程吗？"毕竟在孩子父母读书那时候，大多是从大学才开始接触编程的，而且还很头痛，感觉编程很难，大人都不是那块料，孩子能学会吗？

做了编程教育很长一段时间后，我也越来越认同布鲁纳的这句话。作为一个编程教育工作者，首先并不是要回答"孩子能学会吗？"这样的问题，而是应该回答："我们以一种什么样诚实的方式，有效地去教会孩子学习编程？"

要回答好这个问题很不容易。目前孩子学习编程，大致上可以分为两个大的阶段，图形化编程和代码编程。图形化编程基本上是基于麻省理工学院 Scratch 来学习的，而从图形化编程过渡到代码编程，Python 语言以它简洁、接近自然语言的语法结构，自然成为首选。

　　然而，市面上的 Python 书很多，大多还是写给专业程序员的，写给青少年教他们学会编程的很少，由真正懂编程、懂教育并熟悉孩子的人来写的就更少了，本•福达（Ben Forta）作为 Adobe 的资深教育主管，已经帮助超过 100 万人学会编程；而什穆尔•福达（Shmuel Forta）更是拥有程序员、工程师、创客和教师多重身份，而且他在高中教授孩子们学习编程长达 5 年，由他们俩来合写这样的一本书再合适不过了。

　　本书的组织结构更像是一份桌游指南，带着大家去玩转 Python 编程，从最开始的小游戏开始，让大家先玩起来；再逐步过渡到复杂一点的冒险类文字类游戏，让大家认真玩；最后再到更复杂的带界面的赛车游戏，带大家好好玩，玩法难度逐步提升，让大家在玩中学习和成长。

　　全书的内容递进也是基于布鲁姆教育目标精心做了设计，所有章节都是围绕着一些要解决的游戏问题不断展开，提出问题 → 尝试捣鼓 → 解决问题 → 再提出问题 → 优化问题，最后留下挑战与思考，把自主权又给到学生，甚至还讲到了复用、测试、重构这些最佳实践，非常专业，也不失趣味性！

如何更好地教呢

　　如果是正在教孩子学习 Python 编程的老师，本书也一定能帮上你，书中的内容结构也很适合分解或组合成课程，如果想将本书的内容用到课堂教学中，Ben 大叔还贴心了为编程老师准备了教学资源，为每个项目都提供了使用说明和讨论要点。我在读完本书后，我也第一时间将本书的内容和思路分享给了一些老师，并且应用到了自己的教学中，效果非常好。

　　当然，教和学都不一件简单的事，在接下来的时间里，我也计划以这本书为基础，作为起点，结合自己在青少年编程教学中的一点经验，多做一些探索和分享，也希望有更多想在这方面做一些工作的程序员、编程老师一起加入进来，让更多的孩子享受编程的乐趣！

　　期待这本书可以为正在学习编程的孩子和为正在教孩子学习编程的老师，打开一扇窗，释放自己在编程方面的超能力，领略编程带来的无限美好风光！

　　是不是等不及了？赶快来释放你的超能力吧！

大圣不是圣（陈显军）

2022 年 8 月于成都

推荐序 2

通过制作游戏，让编程初学者对优雅的程序设计有一个整体上的认识，《Python 超能学习手册》就是这样的一本书。

日常碎片化的语言充斥着整个社会，也分离了个体对自我的认识。如果能依托于书中使用的 Python 语言，回归到计算思维的原点，我们将有可能从整体上、系统上感知、认识和理解自我、社会、自然乃至整个宇宙。

作者选取了我们熟悉的经典游戏：掷骰子、剪刀石头布（包剪锤）、猜数字、文字类冒险游戏以及赛车等，规则从简单逐渐变得复杂，要完成整个游戏的制作，需要涉及关键的基础概念和最佳实践，从整体上正确认识程序设计，具备如此 MVP（最小可行性）特性的认知骨架特别适合希望一开始就做对的初学者。

作者提到："学习编程是不够的，相反，我们要帮助你学习如何像程序员一样思考，像他们那样思考和分析问题，规划和快速迭代，最后得到优雅的解决方案。"此话于我心有戚戚焉，借此机会与广大正在从事编程教育的老师们共勉，同时也邀请各位有志于深耕编程教育的教育工作者积极参与教学研讨，共同为下一代的编程教育贡献我们的群体智慧。

李端

四川质量发展研究院区块链中心

前　言

请以最低沉的嗓音，气音实际上也可以，缓缓地念出下面这段话：

> "传说中，有一群超人。他们拥有超能力，散居在全球各地。他们有激活潜能、唤醒僵尸亡灵的能力。他们能用不同的语言发布指令，可以让或近或远的机器服从他们的意志，听从他们的命令。这些人优秀，强大，他们是传说中的……程序员！"

<咳> 不好意思！

好吧，我得承认自己刚才的表演可能有些用力过猛。不过，话又说回来，咱们这些程序员啊，真的个个都算得上是高手，是超人，是美国队长那样的超人。我们都明白，我们是程序员，并且认为自己又酷又厉害（这可真不是在吹牛）。事实上，对大多数程序员而言，我们和《哈利·波特》中的甘道夫、《蜘蛛侠》里面的布鲁斯·韦恩、《星球大战》中的卢克·天行者、《冰雪奇缘》里面的女王艾尔莎、《钢铁侠》中的托尼·史塔克、神奇女侠或死侍①。最相似的地方，莫过于我们个个都有超能力，能通过编程来指挥机器，让它们为我们人类服务。

我知道，这么说可能显得有些（一丢丢）夸张。但说句老实话，编程就是能够让我们拥有这么强大的能力。也就是说，"超能力"是很容易通过学习编程来获得的。

本书带着大家一起学习编程，将帮助大家掌握这些技能。此外，更重要的是，我们想要帮助大家通过正确、高效的学习方式来成为美国队长那样的超人程序员。

为什么要学习编程

在此之前，首先请大家考虑这个问题："为什么要学编程？"如果问问身边的人或者上网一搜，我们会得到各种各样的回答。

最常见的回答是，编程是一种面向未来的技能，非常重要。也就是说，如果我们

---

① 译注：漫威旗下的反派英雄，拥有远超于金刚狼的治愈能力和一个可以让自己实现瞬间移动的腰带。

掌握了编程，未来就更容易找到一份好的工作。虽然这种说法可能有些道理，但是说真的，我并不认为这是学习编程最好的理由。为什么我会这么说呢？

首先，并不是每个人都需要成为一名程序员。这是不可能的，就像不可能每个人都是医生、厨师、教师、飞行员，或者又都是穿过下水管道拯救公主的马里奥一样，懂我的意思了吧？为了维持社会的正常运转，需要有不同的人去做不同的事情，所以说呢，虽然很遗憾，但是，我们未来真的不需要 80 亿人个个都是程序员。

此外，技术领域（包括编程）的发展日新月异，程序员现在的工作和 10 年前的工作不同了，而且，下一个 10 年的变化更大。因此，大家现在学的并不一定是将来成为程序员后会用到的。优秀的程序员永远不会停止学习、提升或拓展自己的技能。基于本书锁定的是基础知识，这些知识始终重要且实用，只不过具体的细节经常会随着应用场景的不同而变化。再说了，编程这个技能并不是学了之后立刻就能上手的，如果有人真的这么以为，那就只能说他是大错特错了。

最重要的是，如果对编程有兴趣完全是出于对未来职业的考虑，可能就会觉得它是工作而不是乐趣。如果没有兴趣，就不会有热爱，就不可能坚持下去，而且肯定缺乏沉迷于编程的动力。这样就太可惜了，因为编程这件事儿，真的很好玩儿。

我并不是说编程领域没有好的工作。肯定是有的，而且未来几十年内会有许多好的工作。但坦白地说，对未来职业的考虑不应该是大家选择成为程序员唯一的原因。

说一千，道一万，到底为什么要学习编程呢？每个人都应该学吗？我认为，即使不打算以编程为职业，也应该学习编程。我相信这一点，如同我相信每个人都应该学习绘画和素描，学习演奏乐器，学习烹饪，学习拍照和拍视频，等等。这些都是创造性的工作，意味着是在真正创造事物，而创造会让人充满成就感和满足感。诚然，花几个小时在手机上浏览别人的创作很有意思，但相比自己的个人作品可以供别人消费和使用时所获得的快乐和满足感，前者完全不值一提。

除此之外，在学习编程的过程中，还可以发展出编程之外的各种不可预期的技能和品质，其中包括规划能力、解决问题的能力、沟通能力、逻辑思维、同理心、对细节的关注、耐心、适应能力、毅力和创造能力。

实际上，对未来的工作和职业生涯而言，这些能力特别重要，尤其是创造能力和创造性解决问题的能力。所以，没错，即使不打算成为程序员，编程也确实可以为大家未来的职业生涯提供帮助。

如何学习编程

现在，我们确定了学习编程是大势所趋，是刚需。但从哪里开始学呢？根据我的经验，许多书籍、视频和课程都过于关注编程的机制，比如语法和使用特定语言元素的具体细节。种种细枝末节让人感觉像是填鸭式教学，并不是在鼓励大家动手尝试捣鼓代码，很无聊。以这样的书作为教材，就好比花几个小时学习字典里的单词和语法，然后通过模仿来使用这些单词和语法，完全没有机会带入自己的话语和声音。这太离谱了，对吧？然而，大多数人都是以这种方式第一次接触编程的。

我从事编程教学已经有很多年的历史了。事实上，我已经帮助 100 多万人成为了程序员，包括许多年轻人。我知道如何帮助大家培养这些技能，因为我就是以这种方式自学成才的。我的教学特点是快速、有趣但同时又以目标与结果为导向，强调成效，力求帮助学生融会贯通，从想要知道、参与做到、进而得到以及最后精通，从头到尾真正掌握编程这门手艺。

以上就是我写这本书的原因，即帮助大家学习编程，并且更重要的是，帮助大家充分释放自己在编程方面的超能力，让大家变身成为擅长于思考和行动的高效率程序员。

本书内容

本书不会只专注于讲解如何编程，那样的书多得是，其中有一些甚至还真的不错。

但是，仅仅学会编程是远远不够的。本书还将帮助大家学会像程序员一样思考，像程序员一样分析问题，像程序员一样制订计划，像程序员一样增量迭代，像程序员一样设计优雅的解决方案……事实上，在完成本书的学习后，你将变成（此处应响起击鼓声）一名让人刮目相看的超人程序员！

为了实现这个目的，本书与其他书籍迥然相异。本书的创作动机是帮助大家在快速成为一名超能程序员的同时深度沉浸于编程的乐趣之中。

全书一共 3 个部分 24 章，各个部分相辅相成，具体如下所述。

第 I 部分 "Python 玩起来：小游戏，大欢乐"

这部分涵盖一些基础知识（也有一些不那么基础的知识）。学完本部分的内容后，大家将掌握所有主要的编程概念，具备编写任何应用程序都需要的基础知识。

本部分包含 10 章内容，具体如下所述。

- 第 1 章的主要内容是安装和运行，包括如何帮助大家安装好必要的软件并为使用软件做好准备。
- 第 2 章到第 7 章介绍如何创建各种小游戏和其他程序。每章都会讲解新的编程概念，并立即在新的项目中应用这些概念。每一章中，都有机会调整、修改代码并让代码成为你独有的"资产"。
- 接下来，第 8 章将创建一个更复杂的游戏，并在第 9 章中完成这个游戏。
- 第 10 章讨论各种可供自行尝试的点子，以此来作为第 I 部分的收尾。

这样设计章节是考虑到各个主题需要相得益彰。在某一章中新开发的技能随即可以在后续章节中派上用场。同时，这些章节也设计得短小精悍，大部分章节都只涉及一些小型的独立程序。

学习这部分内容时，请慢慢来。请自行尝试每节课和每个案例，用玩儿的心态放开胆子去修改、调整和捣鼓代码。请随心所欲地对书中提供的代码进行修改，看看程序会有哪些变化。因为随时可以撤销操作，所以完全不必担心这样玩儿代码会破坏程序。在第 I 部分中学到的东西会是大家以后最常用到的，无论是在学习本书时还是在今后的任何项目中。

第 II 部分 "Python 认真玩：文字冒险类游戏"

完成第 I 部分的学习后，我们离开浅水区，来到深水区。在本部分中，将创建一个更大型也更有趣的游戏。一开始，先着手构建框架，然后逐步向其中增加功能。要创建一个什么样的游戏呢？答案是一个很酷的古风文字冒险类游戏，它能给你的家人和朋友留下深刻的印象，而且可以做得相当复杂，足以把硬核玩家给难哭。

本部分共有 8 章内容。

- 第 11 章涉及正式开始制作游戏前的准备工作。
- 第 12 章将开始创建游戏，并逐步添加功能和复杂性，一直延续到第 17 章。
- 第 18 章将给出各种改进游戏的点子。

与第 I 部分不同，在本部分中，我们希望大家踏上自己的冒险之旅，讲述自己的故事，编写自己的游戏。我们会帮助大家启航，展示要用到的技术。大家可以自由地使用书中的代码。我们甚至会介绍怎样下载其他故事的开头，但随后我们会把一切交给大家，让大家创造出自己的游戏大作。

第Ⅲ部分 "Python 好好玩：赛车竞速类游戏"

和第Ⅱ部分相似，在这部分中，我们将循序渐进地创建一个更大型的游戏。这次要创建一个图形游戏，有图像、运动、用户交互和得分等。

本部分共有 6 章。

- 第 19 章将引入并介绍如何使用游戏引擎以及解释什么是游戏引擎。
- 在第 20 章到第 23 章中，我们将构建一个完整的、可玩的游戏。书中会提供可用的图片（是的，我们就是这么体贴）。
- 第 24 章总结了许多可以添加到游戏中的有趣的点子。

在这个部分，可复制的代码会变少（因为学到这里时，大家都已经是专家了）。同时，要讲解如何改动和更新代码来得到自己想要的效果。

哦，对了，还要提一下第 25 章。是的，我们就是这么宠溺大家，因此额外添加了第 25 章。在本书的网页中可以找到。访问前言末尾的链接或扫描二维码即可访问。

特别说明

本书包含许多下面这样带有图标的方框。它们分别有以下的含义。

> **新术语**
> 　标题　我们不仅要讲解如何编程，还要帮助大家像一名真正的程序员那样说行话。一旦接触到新的单词或短语，我们就会在这样的文本框中进行释义。

> **小贴士**
> 　标题　程序员总是喜欢想方设法寻求效率和节省时间。这种文本框中包含一些捷径和节约时间的点子或者能让编程变得更简单的小知识。

> **补充说明**
> 　这种文本框中包含数不胜数的实用注释，还有一些不那么实用但很有趣的注释。

挑战

　　这个方框一出现，就意味着我们即将开始额外布置任务（加分项）。不过，这可不是什么家庭作业，而是一些有趣的任务。如前所述，在这本书中，希望大家不是通过阅读而是通过实践来学习编程。我们将帮助大家创建许多程序，有些是简单的小程序，有些是更复杂的程序，其中许多程序后面都带有一个供大家自行钻研和解决的挑战练习。不要担心，若是遇到了困难，则随时可以查看本书的在线提示和解决方案。

　　最后，请留意书中显示的二维码，比如下面这个。扫描它们即可访问本书英文版配套网站的页面，其中包含着实用的链接、可下载的代码、挑战练习的解决方案等。

英文版配套网站

获得帮助

　　在阅读本书的过程中，偶尔可能需要一些帮助。碰到这种情况时，可以采取下面这几种方式。

- 在浏览器的地址栏，输入 https://forta.com/books/0137653573，访问本书英文版网站。也可以扫描下面的二维码。网站包含着针对英文原书的很多提示、解决方案和更多拓展内容。也可以通过小助手，加入 Python 社群。

扫码添加小助手

- 当然，也可以像大多数程序员那样，用浏览器搜索。输入具体的问题，例如，完整的编程语言名称，就能找到答案。
- 也可以随时联系我们，在 https://forta.com/ 和前面的提示中，可以找到我们的联系方式。

好了，欢迎来到 Python 编程世界！请翻过这一页，让我们正式开始吧！

致　谢

本·福达（Ben Forta）

我从事写作和出版有 25 年的历史了，真是让人难以置信！1996 年，我在培生出版了我的处女作。自那以后，我们的合作成果是累计出版了 40 多部书。我们一起教育并激励

着世界各地的众多开发人员。回顾这四分之一个世纪，我发自内心地感谢培生这些年来的奉献和支持。《Python 超能学习手册》是我为青少年群体所写的第一本书，因此，我要特别感谢培生能信任我的眼光，为我们作者赋予了充分的自由，让我们可以按照自己的想法来进行创作。

特别感谢指导我们从想法到成果的金·斯宾塞利（Kim Spencely），再次感谢克里斯·扎恩（Chris Zahn）为我们提供了开发方面的支持。

在过去的几年，我有幸在密歇根州南菲尔德的法伯希伯来高中给学生们上机器人课程。COVID 来袭之后，我们转为线上授课，我利用这个机会开始教学生 Python，希望借此来提高他们的编程技能。作为一种尝试，学生们在课堂上的表现激励我写下了这本书。

千言万语总结为一句话，感谢法伯希伯来高中给我一个可以启发学生们的机会，也感谢学生们帮助我学会了怎样更好地教书育人。

感谢我的儿子伊莱（Eli），他是一位才华横溢的设计师和崭露头角的建筑师，他为本书提供了图片资源。

最后，感谢我的儿子什穆尔（Shmuel），他是一位出色的工程师和充满热情的教育工作者，也是我这本书的合著者。回顾过去，我有一半的书都是和合著者一起完成的。不过说实话，我更喜欢独立写作。但这次合作是个例外。什穆尔（Shmuel）的经验帮助打磨了这本书，每一页都能看出他独到的见解，我们父子俩的合作让我感到快乐和自豪。"谢谢你，什穆尔（Shmuel）！"

什穆尔·福达（Shmuel Forta）

对我而言，这本书的写作是一段令人振奋，也让人戒骄戒躁的经历。我很荣幸能有机会与世界各地的读者一起分享我五年以来给七八年级学生上课的教学心得。

特别感谢培生。依托于他们的信任，我们作者能够按照自己的构想来创作这本书。还要感谢金·斯宾塞利（Kim Spencely）和克里斯·扎恩（Chris Zahn），没有他们，就不会有这本书，也不会编辑和出版后分享给大家。

还要感谢我的妻子查娜·米娜（Chana Mina），感谢你的所作所为。谢谢你平时对我的包容（这本身就是一项了不起的壮举）。我知道，写作占据了我大量的时间，但你始终如一地支持着我。没有你的支持（以及你对这本书提出的建议），我真不知道自己会变成什么样子。感恩一路上有你。

还要感谢我的家人。感谢我的母亲、兄弟和岳父岳母，他们帮助和支持我度过了一切难关。他们的鼓励和力量，帮助我完成了这本书的写作。

最后特别感谢（虽然这个词远远不足以表达我的感激之情）我的父亲兼合著者。在我还不到 10 岁的时候，我的父亲就开始教我用 Visual Basic 写代码。在我最美好的童年回忆中，包括我们父子俩挤在老式的笔记本电脑前，他耐心地引导我找出代码中的错误（比如， 一个等号 = 而不是两个 ==）。我还记得，小时候的我欣喜若狂地跑下楼，向他展示自己做的猜数字游戏、那个简陋的只有下拉菜单的计算器以及自己动手做的第一个图形游戏（一个太空射击游戏），当其时，我感受到的是一种纯粹的快乐。父亲对我的作品表现出极大的自豪感和爱，使得小小的我创作热情高涨。我遇到过许多拥有各种技能的天才程序员，但很少有人能像我们父子俩一样打心眼儿里真正热爱着编程。而我对编程的热爱，来自我的父亲并且受到他的感染。在这里，我想对他说："谢谢您与我合作写成这本书，但更重要的是，谢谢您把我培养成为今天的我，并与我分享您对编程的热爱，对此，我将永远心存感激。"

简明目录

详细目录

第 1 部分

Python 玩起来：小游戏，大欢乐

第 I 部分

Python 玩起来：小游戏，大欢乐

第 1 章

预备知识

嗨，欢迎大家来到 Python 的世界！我热爱编程，相信大家在看完这本书之后，也会跟我一样爱上编程的。我将帮助大家以我的方式——也就是实践——来学习编程。没有长篇大论，没有大量的说明，也没有复杂、枯燥的讲解。每一章都提供了动手实践的机会，让大家在实践的过程中学习如何编程。

不过这一章例外，抱歉啦 :-(。在开始充分释放编程超能力之前，大家一定要先了解什么是编程，所以我们接下来要花几分钟时间介绍一下这方面的内容。但在这之后，会有很多的实践项目，我保证。

了解计算机编程

我们先花几分钟时间来了解到底什么是计算机编程。首先，来看什么是计算机。

什么是计算机

大家肯定见过不少计算机，而且它们基本上都差不多，有屏幕、键盘、鼠标或触摸板，笔记本计算机还可以对折合上。计算机都是这样的，对吧？错！实际上，大家见过和用过的大多数计算机看起来根本就不是那样的。真的。

举个例子，游戏机实际上也是一种计算机。智能手机、智能手表和智能电视也是。实际上，任何名称中带有"智能"二字的设备基本上都是计算机。就连能显示谁在你家门前的智能可视门铃也是计算机。扫地机器人、花里胡哨的触摸屏温控器以及车上的显示控制台也都是计算机。无人机是带有螺旋桨的计算机，而特斯拉汽车是带有车座和车轮的计算机。美国宇航局派往火星的那些很酷的机器人也是计算机。银行里的自动柜员机，还有超市的自助收银机，这些都是计算机。明白我的意思了吧。世界上有数以亿计的计算机，而且大多数看起来都不同于我们日常所说的计算机。

那么，是什么让所有这些设备成为计算机的呢？答案是内置的微处理器，也就是一个作为设备大脑来运转的计算机芯片。微处理器控制着设备的所有元器件，显示屏、马达、输入、传感器、扬声器等都由一个或多个微处理器来控制。

现在，明白什么是计算机后，不妨试着回答一下这几个问题："计算机有智能吗？游戏机有智能吗？智能手机或平板计算机呢？"

很遗憾，答案都是否定的，它们根本没有智能。计算机并不聪明。实际上恰恰相反，尽管名字中有"智能"一词，但计算机其实是相当愚蠢且无能的。

为什么说计算机不聪明呢？这是因为尽管它们很强大，但是它们完全不知道怎么自主决定做任何事情。它们不能自行在屏幕上显示视频，不能自行响应鼠标单击或摇杆控制，不能自行连接到互联网，不能自行理解用户输入的内容，不能自行运行游戏或者加入视频会议。单凭它自己的话，计算机根本做不了任何有用的事情……所以我们可以说，它并不聪明。

但计算机确实能做许多了不起的事儿，那它们究竟是怎么知道该如何做这些事情的呢？因为有人在指挥它们。有人给了计算机非常具体的指令，教它们做那些电子设备该做的事情，而这些指令的确很聪明。

真正的智能来自创建指令的人。指挥世界上所有计算机来做有趣和有用的事情的，是计算机程序员。而计算机编程的本质就是指挥计算机为我们做事情。

如何与计算机交流

和朋友交谈时，他们能理解你所说的话（嗯，希望如此）。这是因为你们在用双方都能理解的语言进行交流。这非常重要。和一个不会说同一种语言的人讲话，很难称得上是真正意义上的交流（鸡同鸭讲，了解一下）。

名字有什么意义？

计算机程序员也称为程序员、软件工程师、应用开发人员和软件开发人员。虽然头衔很多，但是意思其实都是一样的。

与计算机进行交流也如此。想让计算机做什么事情时，需要使用计算机能理解的语言——也就是用计算机编程语言——来给出指令。和我们人类的语言一样，编程语言也是有单词和语法的。

计算机语言有很多。一些语言有特定的用途，另一些则比较通用。大多数程序员都会学习并使用多种语言，能根据各种特定的情况选择最合适的语言。若是觉得需要学习很多语言让人望而生畏的话，别担心，有下面这些好消息。

- 确切的语言细节，比如用词和语法（程序员称之为语法）因语言而异。但和人类语言不同的是，计算机编程语言的单词和规则往往都很少，我们基本上很快就能掌握。

新术语

语法（syntax）　在人类语言中，语法指的是组合单词和短语来构成整个句子的规则。在编程语言中，语法一词的含义也与之类似，指的是语言元素的使用规则。

- 此外，几乎所有编程语言的基础操作都是共通的（本书将全部介绍）。这意味着，掌握一种编程语言后，再学习另一种语言就会容易得多。

- 对于编程语言，永远不要尝试去死记硬背。想不起怎样用某个语言执行某项特定任务时，可以参考专业程序员的做法——上网搜索。

- 人类语言和专业编程语言之间，有一个重要的不同：听众。给朋友发信息时，你可以写错字（不过最好不要）、省略标点符号（也最好不要）甚至发送不完整的句子（唉，真的别这么做），但朋友仍然能看得懂。计算机的宽容度非常低（毕竟它们不聪明，记得吗？），但凡漏掉一个句点 . 或一个花括号 }，计算机就会不知所措。这个地方可能最容易让新手程序员产生挫败感。那么，为什么要把这一点列为好消息呢？因为编辑器（用来写代码的工具……很快就要进行详细说明了）非常善于捕捉这些错误，它们大大减轻了程序员的负担。

知道了什么是编程语言以及它们为什么和人类语言相似后，现在是时候告诉大家一个秘密了（嗯，实际上是两个秘密）：计算机编程的本质以及程序员工作的真相。

- 假设你知道母语中的每个字，已经把《新华字典》背得滚瓜烂熟，还掌握了每个字和词的发音及定义。难道这样就能成为一名畅销书作家了吗？认得所有的字就意味着能写出一部大片的剧本了吗？当然不能。知道这些字是一回事儿，而知道如何创造性地将这些字组合成好文章却是另外一回事儿。显然，两者截然不同。计算机语言也是如此。掌握语法是轻而易举的（毕竟计算机语言的词汇量比人类语言少得多）。经验丰富的程序员，典型特征是知道如何运用这些语言元素来巧妙地解决问题，这正是我们想帮助大家学会和掌握的技能。这是一项需要时间和实践才能打磨出来的技能。

- 再想想人类语言。分享想法是否只有唯一一种正确的方式呢？当然不是。如果真的是这样，所有电影和书籍都会是一模一样的，那也未免太可怕了！语言是一种工具，而作者要用这种工具来创造各种美妙而独特的体验。使用编程语言时也如此。写代码或解决任何具体问题都没有唯一的正解，相反，有多少个程序员，就会有多少个解决方案。本书将展示各种技术和解决方案，大家可以在编程的时候自由使用。但随着时间的推移，大家将能找到自己独特、新颖的解决方案，就像专业的程序员那样，因为创造性地解决问题是编程的真谛。

什么是 Python

我们选择 Python 这种语言来介绍如何编程。

没错，Python 是一种用来向计算机"发号施令"的语言。Python 不算是比较新的编程语言，它实际上已经问世 30 多年了。它特别流行，大家最喜欢的一些网站和应用程序可能都是由 Python 来驱动的。为什么 Python 如此受欢迎呢？

- Python 真的很好用，用不着复杂的工具或设置，写几行代码就可以了。真的！实际上，在本章中，我们就要开始动手写代码。

- Python 的创造者非常努力地创造出了这种语法非常容易理解的语言。读 Python 代码就像读英语一样。其他大多数编程语言读起来要复杂得多（真的是这样）。

- 不必担心前面提到的那些让大多数新手程序员感到沮丧的语法规则。因为 Python 的语法是所有编程语言中最简单的，没有之一。规则越少越好！

- 好用、相对宽松的语法规则固然不错，但真正让 Python 用起来如此有趣的是它所提供的各种库。本书的后面部分将详细讨论库，现在，我们只需要知道，库是其他程序员编写的代码，下载即可使用。因此，那些本来很复杂的任务（比如在应用程序中嵌入谷歌地图和导航，或在游戏中检测汽车何时撞上障碍物）就变得简单多了。不需要什么都自己从头开始做，有了 Python，我们可以基于其他聪明的程序员所分享的代码进行构建。

接下来，我们要一起学习 Python。不过，正如前面所解释的那样，我们要学习的是所有语言都用得上的概念和技术。学完这本书后，大家可以把辛苦学会的知识优势和专业知识应用到其他任何一种语言中。

Python 和其他语言

正如前面所说，不同的编程语言有不同的用途。Python 通用性强，并且能为各种网站提供支持。但它不适合用来构建移动客户端应用，因为其他语言更适合。尽管如此，但是在用 Java 或 Swift 创建 Android 或 iOS 应用时，学习 Python 过程中掌握的技术绝对也是有关联且能派上用场的。

安装和设置

好了，言归正传。完成安装并设置好之后，我们就可以开始动手编程了。需要用到两样东西：Python 语言和一个编辑器。步骤不少，但是只需要做一次就行。我保证。

小贴士

请留意二维码　书中提到的所有链接和下载地址都可以在本书作者提供的英文版配套网站上找到，网站的网址是 https://forta.com/books/0137653573/（直接扫描二维码也可以访问）。扫描书中出现的二维码，即可指向原书作者为英文版开发的网站，可在此获得下载链接、提示和更多内容（后期可能有中文相关内容）。

安装 Python

大多数计算机都没有自带 Python 语言，所以我们首先要做的事便是安装 Python，可以免费下载。请按照以下步骤进行操作。

1. 打开浏览器，进入 https://python.org。
2. 单击屏幕上方的 Download（下载）。

用的是 Chromebook 吗？

如果用的是 Chromebook，也可以使用 Python，不过安装步骤有些复杂。扫描二维码，即可在本书网页中找到详细的信息（目前为英文版）。

3. 页面上有一个下载 Python 的选项。Windows 和 macOSX 的安装程序不同，但下载界面会自动显示对应的程序，如若不然，请手动选择。

下载最新版本的 Python。写作本书时，最新版本是 3.9。

4. 下载完成后，双击下载文件，启动安装程序。可以直接保持所有默认选项不变，安装程序会履行它的职责。

> **小贴士**
>
> 　　用的是 Windows 操作系统吗？　在安装过程中，可能会有一个复选框 Add Python to PATH（将 Python 添加到路径）。为了方便以后使用，请一定要勾选这个复选框。

安装完成后，计算机上就有可用的 Python 了。但在开始编程之前，还需要执行两个步骤。

安装和配置 Visual Studio Code

想要编写文档时，我们需要用到谷歌文档或微软 Word 这样的文档编辑器。想要制作视频时，则需要用工具来拍摄和编辑视频。对吧？编程也不例外。写代码也需要用到编辑器，用来写代码和编辑代码。

市面上有许多款编辑器，可以用来创建和打开文件、输入代码以及保存文件。这都是很常规的功能，因此，大多数程序员都会用特殊的编辑器来做更多的事情。这些特殊的编辑器称为 IDE（"集成开发环境"的英文缩写）。IDE 不仅能打开、编辑和保存文件，还有一些非常实用的功能。它能高亮显示代码中的错误，还能为代码着色，使其可读性更强，等等。如此说来，是的，我们需要安装一个 IDE。

Python 有一个名为 IDLE 的内置 IDE，虽然用起来还行，但是，另外还有更好的选择。我非常喜欢的 IDE 是 Microsoft Visual Studio Code（或简称 VS Code）。我自己用的就是它，也强烈推荐给大家。

Visual Studio Code

　　VS Code 是 Microsoft Visual Studio 的兄弟，后者需要付费购买。如果能用完整版的 Visual Studio，那么可以选择用它而不是用 VS Code。

如果用的是 Chromebook？

　　如果使用的是 Chromebook，那么只有在 Chromebook 支持 Linux 的情况下，才能用 VS Code。如果想知道怎样检查是否支持 Linux 以及如何在 Chromebook 上安装 VS Code，那么可以扫描二维码进入本书的页面（英文说明）。

　　喜欢 VS Code 的原因有很多：运行速度很快；提供大量的内置帮助和语法支持；还支持包括 Python 在内的各种语言。噢，而且它是免费的。

　　请按照以下步骤安装 VS Code。

1. 打开浏览器，在地址栏输入并访问 https://code.visualstudio.com/。

2. 单击右上方的蓝色 Download 按钮。像 Python 一样，Windows 和 macOS 的安装程序不同，下载页面会自动显示针对不同平台的链接。否则，单击左侧 Download for Windows 按钮旁边的下箭头，手动选择。

3. 下载最新版本的 VS Code（即 Stable Build）。

4. 下载完成后，双击下载的文件，启动安装程序。

5. 如果出现一个 Edit with Code（用代码编辑）复选框，那么请勾选它。此外，可以保留所有默认选项不变。

6. 安装程序完成后，请确保勾选 Launch Visual Studio Code，然后单击 Finish（结束）。安装程序关闭后，VS Code 将会启动。

　　很快就要搞定了。记住，VS Code 支持各种语言。而我们要用的是 Python，所以现在要做的最后一件事就是让 VS Code 知道。VS Code 知道我们要用 Python 后，就会安装额外的软件来提供 Python 支持。

　　VS Code 启动后，会显示一个欢迎界面，其中有教程、文件和更多内容的链接。在 VS Code 界面的左上角，有下图所示的几个图标。

这些图标是常用图标，不过现在要关注最下面那个图标。单击它，然后扩展面板会显示出来，里面列出的扩展应用可以安装到 VS Code 中。VS Code 支持多种不同的语言。每次需要支持一种新的语言时，安装正确的扩展即可。扩展面板如下图所示。

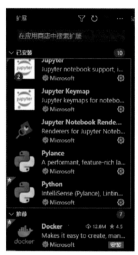

在扩展面板的顶部，有一个部分名为"已安装"。在还没有安装扩展的情况下，右侧的计数可能显示为 0。

如果"已安装"右侧的数字不是 0，而且 Python 已经在"已安装"部分中，则就意味着 Python 扩展已经安装好了。

如果 Python 扩展不在"已安装"列表内（大概率是这样），就需要安装它。过程很简单。Python 通常列在"推荐"一栏中（如果没有的话，请在上方搜索栏中输入 Python 进行查找），单击 Python 右侧的蓝色安装链接，就可以开始安装了。在这之后，Python 将被列入"已安装"列表内，VS Code 可能会显示新的 Python 欢迎界面。

新建工作文件夹

程序员将代码保存在文件夹中。他们通常有一个用于存储所有项目的主文件夹，其中有为每个特定项目或应用程序新建的子文件夹。现在，我们来做这件事吧。

Windows 用户

Windows 用户有一个"文档"文件夹，其中存放着各种文档。这也是个存放代码的好地方。请按照以下步骤进行操作。

1. 单击 Windows "开始" 按钮（通常在计算机屏幕的左下方），然后会出现下图所示的几个图标（不过，这些图标可能看起来有些不同，取决于 Windows 的版本）。

最上面的图标（看起来像是有折的纸）就是 "文档" 图标。把鼠标悬停在上面，如果浮窗中显示 "文档" 的话，就说明你找对了。

用的是 Chromebook？

扫描下面这个二维码，即可在本书英文版的网站上找到 Chromebook 对应的具体说明。

2. 单击 "文档" 图标，打开 Windows 文件资源管理器中的 "文档" 文件夹。

3. 找到窗口顶部的新文件夹图标。它应该看起来像下图这样。

4. 单击 "新建文件夹" 图标，新建一个文件夹。新建的文件夹的默认名称如下图所示。

新建文件夹

5. 将文件夹的名称改为 Python，然后按 Enter 键保存。

好了，新的文件夹成功创建完成了，干得不错！

Mac 用户

Mac 用户的 "文档" 文件夹中存放着各种文档，也是个存放代码的好地方。请按照以下步骤操作。

1. 找到 Finder（访达），通常在计算机屏幕的底部，如下图所示。

2. 单击打开 Go（前往）栏，选择下拉菜单中的 Documents（文档），随即打开文件夹，如下图所示。

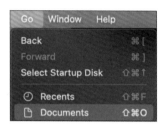

3. 打开文件夹后，就可以开始新建文件夹了。单击打开 File（文件），选择 New Folder（新建文件夹），如下图所示。

4. 一个新的文件夹就这样创建好了。

5. 如下图所示，将新建文件夹命名为 Python，然后按 Enter 键保存。

就这样，新的文件夹成功创建好了，干得不错！

编写第一个 Python 程序

为了确保一切都能正常工作，我们要写一个很简单的程序来进行判断。为此，需要先新建一个工作文件夹，然后再写一些代码。

选择工作文件夹

我们知道，程序员把代码文件放在文件夹中，所以我们刚才要新建文件夹。现在，我们需要让 VS Code 知道这个新的工作文件夹在哪里。

第一，回到 VS Code 窗口左上方的按钮，如下图所示。

单击最上面的按钮可以打开或关闭资源管理器面板，在其中可以看到所有的文件。单击这个按钮来显示资源管理器（如果还没有打开的话）。

由于我们还没有告诉 VS Code 工作文件夹在哪里，因此会显示信息，表明尚未打开文件夹，如下图所示。

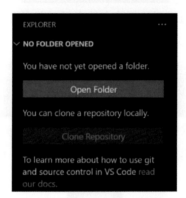

第二，单击 Open Folder（打开文件夹）后，屏幕上会跳出常规的（Windows 或 Mac）文件夹界面。

第三，定位到刚才创建的 Python 文件夹，然后单击 Choose Folder（选择文件夹）。

现在，我们有一个打开的文件夹了，不过里面什么都还没有，如下图所示。

创建好工作文件夹后，就可以开始编程了。

编程时间

现在就来开始新建文件并编写代码吧！请记住新建新文件的步骤，因为后面经常需要这样做（从下一章开始）。

1. 把鼠标移到资源管理器中的 PYTHON 一栏。看到 PYTHON 右边的四个图标了吗？单击第一个图标即可新建一个文件。单击它并为新建文件命名为 Hello.py（.py 这个扩展名是不可或缺的，创建每个 Python 文件时，都必须以 .py 作为扩展名）。

2. 按下 Enter 键后，文件将被保存。除了资源管理器面板以外，还需要了解 IDE 界面的另一部分，也是最重要的部分：编辑器，也就是右侧大的方框，输入代码的地方。新建的文件应该已经自动打开，随时可以开始编程了。如果没有的话，就在资源管理器面板中双击文件名打开。

3. 开始动手写代码吧！请在屏幕的编辑器部分输入下图中显示的内容：

先不要关注代码本身。注意到了吗？编辑器上方显示的是文件名。当同时打开很多个文件时，这一点尤为重要，可以通过文件名来区分不同的文件。

4. 最后要注意的一个重点是代码右上方的箭头，它是用来运行代码的。如果把鼠标悬停在箭头上的话，屏幕上就会显示 Run Python file。可以把鼠标悬停在 VS Code 的任何选项上，看看它们的用途。

IDE 很好用！

请留意，VS Code 自动为代码着色，因而代码更容易阅读。如果代码中有错误的话，VS Code 还会将其标注出来。比方说，如果去掉第二个引号，就会看到提示错误的红色波浪线（请随意尝试，但试完之后，记得把引号加回去）：

红色代表出问题了。文件名变成红色意味着文件中有错误，VS Code 会在代码中添加一条红色的波浪线，把出错的位置显著标注出来。看到了吧，IDE 真的很好用。

执行代码

大家可能听程序员讨论过与执行（executing）代码相关的话题。这并不是一件坏事。没有人会"干掉"这些代码①。execute 是 run 的另一种说法，执行代码意味着运行代码。

5. 单击运行按钮，Python 将会运行代码。那么在哪里能看到运行代码的结果呢？答案是在"终端"窗口，在编辑器窗口的下方。我们让 Python 打印（意味着展示）了一些文本，于是，它就在终端窗口中依言照办了，如下图所示。

`Yeah, this works!`

如果以上文本成功显示在终端窗口中，就意味着 Python 已经安装完成并在正常运行，同时，VS Code 也已经安装完成并可以与安装的 Python 交互了。我们已经彻底准备好开始编程了。恭喜大家！

小结

本章介绍了什么是编程、程序员有哪些职责以及什么是 Python。我们安装了 Python 和 Visual Studio Code（并简单了解和使用了后者），我们还写了第一个出色的（嗯，可能也没有那么出色）程序。现在，我们已经准备好正式用 Python 进行编程了。

---

① 译注：execute 在英文中有"处决"的意思。

第 2 章

填字游戏：函数和变量

　　一切准备就绪，是时候真正开始动手编程了。本章首先介绍一个重要的知识点——变量。我们之后所写的每个程序都会用到它。同时，我们还将学习函数并创建一个简单的游戏。大家准备好了吗？

函数

在编程语言中，函数（function）指的是一些执行特定任务的代码。实际上，前面已经出现过一个函数，第 1 章末尾用到的 print() 函数。如大家所见，print() 的作用就是打印（也就是显示）文本。

和其他大多数编程语言一样，在 Python 语言中，函数的用法是在名称后加上一对圆括号。程序员把使用函数称为调用函数。

在第 1 章中，我们调用了 print() 函数，如下图所示。

函数名称　　　　参数

print() 打印的文本称为参数（argument），参数总是出现在一对圆括号 () 之间。程序员将这个过程称为"传递"（passing）参数。

一个函数能接受多少个参数呢？嗯，这取决于函数本身。有的函数不接受参数，有些函数接受一个或多个参数，在后面这种情况下，参数将在调用函数时被传入其中。无论是否有参数，圆括号都是必须要有的。

让我们快速看一看如何向一个函数传递多个参数。在 VS Code 中新建一个文件。之前已经有一个名为 Hello.py 的文件，所以这次不妨把新文件命名为 Hello2.py。

现在，Hello2.py 文件已经打开了，在其中输入以下代码：

函数名称　　　　　　　　　参数

 属于自己的函数

现在我们用的都是 Python 的内置函数。在后面的章节中，将有机会学习如何创建属于自己的函数。

 只此一次的友情提示

需要回忆一下新建文件的方法吗？切换到 VS Code 的资源管理器面板，然后单击文件名上方的新建文件图标，就可以新建一个文件并为其命名了，接着，文件自动打开供大家编辑。也可以打开"文件"菜单，选择"新建文件"，不过用这种方式新建文件的话，需要在保存文件时为它命名。两种方式都可以。请记住这些步骤，因为将来我们要新建很多文件。希望在这之后，一看到书中写着"新建一个名为 Hello2.py 的文件"，大家马上就会知道该怎么做。

完成后，打开"文件"菜单并单击"保存"，保存文件并运行它（单击代码右上方的箭头）。下面终端窗口中显示的是结果。

回顾一下刚才含有 print() 函数的那条语句。它有两个参数，print() 在终端窗口中显示了这两个参数。是的，这并不是一个特别有用的例子。我们知道，输入以下代码也可以得到同样的结果：

```
print("Yeah, this works!", "It really does!")
```

之所以前面那行代码要加引号和逗号，是为了说明一个很重要的点：向函数传递一个以上的参数时，必须用逗号来分隔每个参数。若是只有一个参数，就不需要逗号，但如果有两个或更多的参数，请确保每个参数要用一个逗号来隔开。

总而言之，必须使用函数时，要调用它，并在必要时传递参数。如果传递多个参数的话，就得确保用逗号来分隔每个参数。

变量

好了，说了这么多，是时候有请"主角"变量登场了。变量是重中之重，所以我们将用本章余下的后半部分进行详细的讲解。

请想象自己正坐在一张办公桌前完成一个项目。因为要处理大量的信息，所以有许多贴着整整齐齐的标签的存储容器，以便把需要记住的东西随时放入其中。无论何时想要获取一个容器的内容，只需看一下名称，就能获取存储在其中的任何东西。

这个简单的比喻说明了变量的工作原理。为变量命名，把信息放进去，然后随时可以把这些信息取出来。

创建变量

下面来动手实践吧！新建一个文件，命名为 Hello3.py。这里就不提醒大家该怎么做了，毕竟大家都已经是专家了。

然后输入以下代码（请大家像我一样把自己的名字输入到引号中）。

```
firstName = "Shmuel"
```

这段代码新建了一个变量，名为 firstName，并在其中存储了我们指定的名字。

使用变量

如果想要使用刚刚新建的变量，该怎么做呢？只需要用名字来引用它即可。在新建变量那行代码下面添加以下代码：

```
print(firstName)
```

保存并运行代码，然后可以看到下面的终端窗口中打印出了名字。

现在，我们来让它变得更有趣一些。以下面这种形式来更新代码（还是像我一样用自己的名字），然后保存并运行。

```
firstName = "Shmuel"

print("Hello, my name is", firstName, "and I'm a coder!")
```

这里有几件重要的事情需要注意。

传递给 `print()` 的参数有三个。第一个参数和最后一个参数包含我们输入的文本。中间的参数则是 firstName 变量，但 Python 没有打印 firstName，而是打印了我们存储在 firstName 变量中的信息。

留空

　　注意到了吗？创建变量的那行代码和 `print()` 那行代码之间空出了一行。这个额外的空行称为空白，它可以让代码的可读性更强。实际上，`print()` 函数中每个逗号后面的空格也是一种空白。所有空白都是选择性地留出来的，Python 运行时会忽略，但恰当地利用空白能使代码的可读性更强。

另外还要注意代码的着色。正如我们在第 1 章中提到的那样，VS Code 会自动为代码着色。其实，代码只是一段文本，它并不是真正有颜色。但彩色的代码真的很有帮助。原因有两个：首先，颜色可使代码更易于阅读；更重要的是，因为所有函数都是一种颜色，所有文本是另一种颜色，而所有变量又是另一种颜色，所以我们能通过颜色的不同很快定位到错误。

重要的变量规则

在进一步展开讨论之前，需要先了解 Python 中与变量相关的几条重要规则。

- 变量名可以包含字母和数字，但不能以数字开头。举个例子，pet1 可以用作变量名，但 1pet 就不行。

- 变量名中不能有空格。如果想在变量名中用多个单词，那么可以用混合大小写的形式（如 firstName）或使用下画线（如 first_name）。
- 需要记住一个最重要的规则，变量名是区分大小写的。也就是说，如果新建的变量名为 firstName，那么就不能用 firstname 来指代它。两者截然不同，一个有大写字母，另一个没有。如果好奇的话，可以尝试一下，看看会得到什么样的结果。把 print() 语句中的 firstName 改为 firstname。VS Code 会识别出这个错误，并且在 firstname 下面加一条波浪线，如下图所示。

```
Hello3.py > ...
1    firstName="Shmuel"
2    print("Hello, my name is",firstname,"and I'm a coder!")
```

如果把鼠标悬停在 firstname 上，VS Code 会显示"firstname is not defined"，意思是 firstname 变量未被定义，这意味着我们正试图使用一个不存在的变量。

在遵守以上规则的前提下，可以自由地以任何方式为变量命名。不过，一般来说，描述性的名字会比较好。比如，firstName 这个变量名就很不错，因为这个名字明确表明了它的用途。相比之下，fn 这个变量名就显得有些指代不明。它可能代表着"肥牛""风能""飞鸟"什么的，太容易让人混淆了。使用清晰且具有描述性的名字是专业开发者的特征之一（看起来专业点儿总是好的，对吧？）

变量，更多的变量，更多更多的变量

请看下面这段代码，它有什么作用呢？

```
firstName = "Shmuel"
firstName = "Ben"

print("Hello, my name is", firstName, "and I'm a coder!")
```

变量名是大小写敏感的

由于变量名是大小写敏感的，所以其实可以创建若干个只有大小写不同的变量。比如下面的代码：

```
FirstName = "Shmuel"

firstname = "Ben"
```

不过，建议大家最好不要这样做。尽量保证变量名恰当且独特，以免以后不得不花好几个小时去排查程序错误。

　　不妨直接在 VS Code 中试试。修改 Hello3.py 中的代码，让 firstName 被定义两次。保存并运行代码，显示出来的结果是否如大家所料呢？

　　第一行代码 firstName="Shmuel"，新建了一个名为 firstName 的变量，并把 Shmuel 这个名字放入其中。第二行代码 firstName="Ben"，并没有新建变量，也没有把 "Ben" 添加到已有变量中，而是覆盖了第一个值，用 "Ben" 替换了 "Shmuel"。

　　好，我们来看看最后一个例子。新建一个文件，并为其命名为 Hello4.py（还是像我一样在代码中用自己的名字）：

```
firstName ="Shmuel"
lastName ="Forta"
fullName = firstName + " " + lastName

print("Hello, my name is", fullName, "and I'm a coder!")
```

　　保存并运行代码，看看会怎样。

　　Python 每次都是逐行处理代码，所以它做的第一件事是新建一个名为 firstName 的变量，并在其中存储一个值。第二行告诉 Python 新建一个名为 lastName 的变量，并且在这个变量中存储一个值。

> 小贴士
>
> 　　"另存为"可以省下很多时间　这里有个实用的小提示。Hello4.py 文件只在 Hello3.py 的基础上做了少许改动。可以选择新建一个文件，然后像平时一样输入代码。或者，也可以在 Hello3.py 中点开"文件"菜单并选择"另存为"来新建一个名为 Hello4.py 的副本，然后再进行编辑。

一个变量中可以存储多少个值？

　　如大家所见，变量一次只能存储一个值。如果试图存储第二个值的话，这第二个值就会取代第一个值。所以一般来讲，变量总只能存储一个值。但实际上，有一些特殊类型的变量中可以存储多个值。后续的章节中将深入研究这些变量。

　　第三行代码很有意思。它新建了一个名为 fullName 的变量，并在其中存储了一个值。这个值由用加号 + 连接起来的 3 个部分组成。它用 firstName 加上了一个空位符（也就是 " "），然后又加上了 lastName。因此，如果 firstName 变量是 "Shmuel"，lastName 变量是 "Forta" 的话，fullName 就是 "Shmuel Forta"。这也就是 print() 函数中第二个参数的内容。

> 新术语
>
> 拼接（concatenation）　将变量连接在一起，称为拼接。想让自己听起来非常聪明的时候，就可以念一念这个英文单词。

获取用户输入

大家已经很擅长用 print() 函数了，所以现在是时候认识新的函数了。恰如其名，input() 用来要求用户输入（input）一些内容。

新建一个名为 Hello5.py 的文件并输入以下代码：

```
name = input("What is your name? ")
print("Hello", name, "nice to meet you!")
```

保存并运行。

代码在终端窗口中运行，显示"What is your name？"并等待我们在终端窗口中输入回复。输入回答并按下 Enter 键后，print() 函数会以你的名字问候你。

如大家所见，input() 接受要显示的文本，就像 print() 一样。但 input() 还做了其他事情，也就是从用户那里获得输入。还记得吗？Python 会逐行运行代码，运行到 input() 时，它会停下来，等到用户输入完成后再继续运行。而用户在提示符处输入的任意内容都会提供给大家使用。这个过程称为返回值（returning a value），input() 返回的值可以保存到变量中，就像前面那样。如此，name 变量中包含用户在终端窗口中输入的内容。

变量在哪里？

请看下面这行代码：

```
input("What is your name? ")
```

大家觉得这行代码有问题吗？其实，这段代码是合法的。运行它后，终端窗口将出现输入提示符。但尽管如此，用户输入的内容并不会被保存下来，这并非我们所愿。因此，必须要用 name=input()，只有这样，才能让 Python 把 input() 返回的信息保存在 name 变量中。

另一方面，print() 并不返回任何值，所以不需要将它分配给变量。

小贴士

　　对 input() 提示符做出响应时，请确保在输入之前单击一下终端窗口。否则，光标可能留在编辑器窗口中，导致编辑的是代码而不是输入。

挑战 2.1

　　要想成为一名代码超人，唯一的途径就是刻意练习写代码。写的代码越多，就越像是一名优秀的程序员。课程和练习虽然是个很好的开端，但大家真的要试着自己动手写代码。因此，本书中有许多这样的小挑战。在这部分中，我会根据前面讲过的课程设立一些挑战。书中不会直接提供答案，全靠大家独立去解决。别担心，每个挑战都是基于前面学过的知识来设计的，大家肯定可以完美解决。

　　是时候迎接第一个挑战了。Hello4.py 中，新建的两个变量分别是 firstName 和 lastName。然后，我们将它们合并成一个新的变量，名为 fullName。修改这段代码，使其让用户输入姓和名，而不是用硬编码的值。小提示：只需修改前两行代码，每一行都使用 input() 函数。大家看看是否能够解决这个问题。

填字游戏

　　填字游戏（比如 Mad Libs①）可以根据玩家提供的单词来编出不同的故事。游戏提示玩家给出一些单词（动词、名词和形容词等），这些单词会被插入故事中，以有趣（也可能并不有趣）的方式来编出不同的故事。

自己创造故事

　　下面我们来实践一下吧。先用"老朋友"print() 函数展现一个简单的故事。既可以选择本书给出的故事，也可以自己编一个。富有创造力的你不妨试着自己原创一个故事。

---

① 译注：Mad Libs 游戏发明于 1953 年，但正式确定下名称却是 1958 年的事情。当时，斯特恩和普莱斯在美国纽约一家餐厅吃饭，邻桌是一个经纪人和一名演员。演员想要通过即兴表演的方式去参加试镜（即 ad-lib），经纪人却认为这种行为很疯狂（mad）。说者无意，听者有心，于是就得到了有喜剧效果的聚会游戏名称 Mad Libs，其实也有疯狂图书馆的意思。到现在，这套填字游戏累计售出了 1.1 亿册。

新建一个名为 Story.py 的文件，并用 print() 函数输入自己编的故事，如下所示：

```
print("I have a pet iguana named Spike.")
print("He is long, green, and lazy.")
print("Spike eats leaves, flowers, and fruit.")
print("His favorite toy is a small yellow ball.")
```

保存并运行。故事将显示在终端窗口中。

添加变量

现在，我们来让事情变得更有趣一些。试着把故事中的一个词替换成一个变量，如下所示：

```
animal = "iguana"

print("I have a pet", animal, "named Spike.")
print("He is long, green, and lazy.")
print("Spike eats leaves, flowers, and fruit.")
print("His favorite toy is a small yellow ball.")
```

Mad Libs®

　这是我们对填字游戏的诠释。真正的 Mad Libs® 已经成为企鹅兰登书屋的注册商标。

如大家所见，我们改动了第一条 print() 语句。不再直接显示动物的种类，而是用变量来代替。

保存并运行代码，得到的输出和之前一样。

现在，可能还不太有趣。让我们继续吧。接下来要改变很多文本，用变量来替代硬编码的词。在这个示例故事中，有 11 个词被替换成了变量，如下所示：

```
animal="iguana"
name="Spike"
adjective1="long"
color1="green"
adjective2="lazy"
noun1="leaves"
noun2="flowers"
noun3="fruit"
adjective3="small"
color2="yellow"
```

```
noun4="ball"

print("I have a pet", animal, "named", name, ".")
print("He is", adjective1, ",", color1, ", and", adjective2, ".")
print(name, "eats", noun1, ",", noun2,", and", noun3, ".")
print("His favorite toy is a", adjective3, color2, noun4, ".")
```

修改完成后保存代码。

运行代码，得到的输出结果应该和之前的一模一样。

值得注意的是，name 变量在故事中使用了两次。新建一个变量后，可以根据需要反复使用。

注意引号和逗号

使用引号和逗号时，要小心。文本需要加引号，但变量名不需要。还要确保用逗号来分隔所有参数。这就是彩色编程的妙用了。如果颜色不对，就意味着引号或逗号可能错了。

获取用户输入

有了变量之后，就能简单改变它们来显示用户输入的文本。只需像本章前面那样将每个变量改为使用 input()。以我的故事为例：

```
print("Hello, please answer the following prompts.")
print()
animal=input("Enter an animal: ")
name=input("Enter a name: ")
adjective1=input("Enter an adjective: ")
color1=input("Enter a color: ")
adjective2=input("Enter an adjective: ")
noun1=input("Enter a noun: ")
noun2=input("Enter a noun: ")
noun3=input("Enter a noun: ")
adjective3=input("Enter an adjective: ")
color2=input("Enter a color: ")
noun4=input("Enter a noun: ")

print("Thank you. Here is your story.")
print()
print("I have a pet", animal,"named",name, ".")
print("He is", adjective1, ", ", color1, ", and", adjective2, ".")
print(name, "eats",  noun1, ",", noun2, ", and", noun3, ".")
print("His favorite toy is a", adjective3, color2, noun4, ".")
```

我在代码开头处添加了一条用于提供游玩指示的 **print()** 语句，并在代码间穿插了几个空的 **print()** 函数。这些函数添加了空行，使得输出更容易理解。

保存代码并运行。完成所有输入后，代码会生成一个故事。每次重新运行代码时，程序都会根据用户提供的输入生成一个新的故事。

测试完代码后，不妨让朋友或家人试着玩一玩，他们肯定会对你的编程技术刮目相看的。

挑战 2.2

准备好迎接下一个挑战了吗？

要求用户输入至少 15 个不同的单词，让填字游戏变得更有趣。同时，再让游戏更加个性化。在给出游玩说明前，让用户提供他们的名字，并在说明中使用这个名字，创造一个个性鲜明的游戏体验。

小结

本章介绍了关于变量的知识以及使用变量的方法。我们掌握了两个函数 **print()** 和 **input()**，前者用于显示文本，后者用于提示输入文本。随后，我们结合所有学到的知识来创建了一个功能齐全的应用程序。恭喜！大家现在已经成为一名真正合格的、如假包换的程序员了。

第 3 章

掷骰子游戏：库和随机性

学会使用函数和变量后，我们将通过引入库和随机性来使编程变得更有趣。

库的使用

第 1 章中简要地提到过库。我们可以把库当成代码的集合——通常是函数的集合，比如前面用到的 `print()` 函数和 `input()` 函数。库很好用。只需向 Python 说明需要用到什么库，就可以用其中的函数了。就这么简单。没错，别的人把艰苦的准备工作都搞定了，我们可以直接拿来就用。很方便，对吧？

Python 包含很多库。比如，datetime 库提供了各种处理日期的函数，math 库用于进行数学运算，还有许多库用于处理计算机上的文件、访问网站、处理密码学等。而且，库中也可以包含更多函数（后面会讲到）。

如果 Python 中没有你需要的库，或许可以在网上找，找到后下载即可使用。本书的第Ⅲ部分将学习如何使用第三方库（第三方库意味着库来自于别人，并非 Python 自带的）。

random 库

我们要探索的第一个库是 random，正如其名，它是用来为代码添加随机性的。想获得 1 到 100 之间的任意一个随机数吗？ random 库可以帮上忙。创建游戏时，想让敌人以随机时间间隔和随机血量出现吗？也可以用 random 库来搞定。甚至模拟抛硬币这样简单的事，也可以通过 random 库来实现。

那么，如何告诉 Python 我们想用什么库呢？答案是 `import` 语句。我们来动手实践一下。新建一个名为 Random1.py 的文件并输入以下语句：

```
import random
```

了解 PyPI

　　Python 库的官方存储库是 PyPI（Python Package Index），包含的库超过 30 万个。

关于随机的真相

　　我要指出关于计算机和随机性的一个真相：计算机不能随机行事，它们做不到。人类可以随机，但计算机喜欢有条不紊地按指令办事，它们不知道怎么做没有意义或没有特定顺序的事。因此，它们无法真正地随机做事。当计算机看起来像是在随机做事时，实际上是在依靠复杂的算法和不断变化的因素（如当前的日期和时间）来模拟随机性。这可能听起来有些复杂（好吧，实际上确实也是很复杂的）。这就是我们喜欢 random 库的原因。只需使用库中的函数，就可以让库中的代码为我们代劳所有的麻烦事儿。

这行代码向 Python 表明要导入 random 库。保存代码并运行。

发生什么了？是不是好像啥也没有发生？可能看上去是这样，但实际上发生了一件大事。记住，Python 只会逐行运行代码。当运行到有 import 语句的那一行时，它会找来 random 库并将其拉到代码中，让其随时待用。现在还没有开始使用这个库。但没有关系，接下来会用的。

生成随机数

再添加如下代码：

```
import random

num=random.randrange(1, 11)
print("Random number is", num)
```

保存并运行。然后，再反复运行几次。注意到了吗？每次运行后，显示的数字都是随机的。

下面来看看代码，了解它是怎么运行的。第一行代码 import random 的作用是导入 random 库，最后一行代码的作用是打印文本以及随机数。

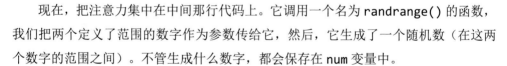

把 import 语句放在开头处

一般情况下，要把所有 import 语句都放在代码的最上方，以便查看都导入了什么。

现在，把注意力集中在中间那行代码上。它调用一个名为 randrange() 的函数，我们把两个定义了范围的数字作为参数传给它，然后，它生成了一个随机数（在这两个数字的范围之间）。不管生成什么数字，都会保存在 num 变量中。

这段代码与前面用到的 input() 相似。我们根据需要把参数传给它，不管返回什么，都保存在一个变量中。不过，这里有一个重要的区别。

请仔细看代码。randrange() 函数并不仅仅是通过函数名来调用的，库的名称也包含在内。random.randrange() 告诉 Python 要用 random 库中的 randrange() 函数。这一点至关重要。如果不指明库的话，Python 就不知道去哪里找 randrange()。

大家如果觉得好奇的话，可以自己试一试。删除 random 库，然后保存并运行代码，会看到 VS Code 在 randrange() 下面画了一条波浪线，如果把鼠标悬停在代码上，就会有浮窗显示"randrange is not defined"，意为 randrange() 函数未被定义。因此，请记住，必须有库的名称。

选择随机项目

我们已经知道怎样生成随机数了，但如果想做别的，比如抛硬币的话，该怎么办呢？在这种情况下，我们希望程序能随机返回正面或反面，而不是返回数字。这时 randrange() 就派不上用场了。但不用担心，可以用 random 库中的另一个函数来实现。

注意范围

randrange（1，11）返回 1 到 10 之间的一个随机数。为什么最大是 10 呢？因为第二个参数是 11，也就意味着最大数小于 11。这有些令人困惑，因为第一个参数 1 包括在范围内，但第二个参数 11 却不然。也就是说，如果想得到介于 3 和 8 之间的一个数字，范围就要设置为（3，9）。好消息是，其他 Python 函数同理，所以大家会慢慢习惯的。

新建一个名为 Random2.py 的文件并输入以下内容：

```
import random

choices="HT"
coinToss=random.choice(choices)
print("It's", coinToss)
```

保存文件并运行代码。每次运行这段代码时，终端窗口中都会显示 H（代表正面）或 T（代表反面）。

那么，这段代码是怎么运行的呢？我们已经知道第一行和最后一行代码的作用了。

choices="HT" 新建了一个名为 choices 的变量，并将文本 "HT" 存储在其中。

下一行将随机选择 H（代表正面）或 T（代表反面）。为此，它使用的是 random 库中的另一个函数 choice()。与接受数字范围作为参数的 randrange() 函数不同，choice() 函数接受一个带有选项列表的参数。这里，我们把包含 "HT" 的 choices 变量传给它，因此，choice() 函数将返回 H 或 T 中的一个。

很简单，对不对？

如果想显示 Heads（正面）或 Tails（反面）而不是 H 或 T 呢？不能像下面这样把 Heads 和 Tails 直接作为选项，因为这是行不通的：

```
choices="HeadsTails"
coinToss=random.choice(choices)
```

另一个选择

即使不用 choices 变量，也能写出同样的代码。像下面的代码一样直接将 "HT" 传入 choice()：

```
coinToss=random.choice("HT")
```

最终得到的结果和前面一样。

之所以行不通，是因为 choice() 会将其视为 10 个选项：字母 H、字母 e、字母 a 等。最终得到的返回值可能是 i，这显然不是我们想要的。

有几种方法可以达到我们的目的。其中之一就是使用一种特殊类型的变量。

还记得第 2 章提到的包含值的变量吗？一些特殊的变量可以包含很多个值。我们未来的课程将更深入地使用这些变量。现在，先试着用这些特殊变量来解决硬币正面或反面的挑战。

只需要对代码进行一个小小的改动可。把下面这行代码：

```
choices="HT"
```

改成下面这样：

```
choices=["Heads","Tails"]
```

保存并运行代码。现在的输出就是 "Heads" 或 "Tails" 了。

那么，这行代码究竟带来了什么样的改变呢？在 Python 中，方括号 [ ] 用于创建一个列表。举例来说，[10,20,33] 将创建一个包含三个项目（三个数字）的列表。同理，["ant","bat","cat","dog","eel"] 将创建一个包含五种动物的列表。

在后面的章节中，会经常用到列表。不过，现在只需要知道列表存储多个项目，每个项目之间都用逗号来分隔就行。

好了，回到我们的代码。choices=["Heads", "Tails"] 这条语句创建了一个包含两个项目的列表，两个项目分别是 Heads 和 Tails。在这种情况下，不必再改变任何其他代码，因为 random.choice() 函数非常聪明。给它一些文本，它就知道我们想从文本中随机抽取一个字符。但如果给它一个列表，那么它就会知道我们想要的是列表中一个随机的项目。

完美搞定！

挑战 3.1

这个挑战的难度比较大，但肯定是可以搞定的，我保证！看到那个有五种动物的列表了吗？编写代码，创建两个列表，其中一个是如下所示的动物名称列表：

```
animals=["ant","bat","cat","dog","eel"]
```

喜欢什么动物就往列表中添加什么动物吧，甚至可以添加五种以上的动物，越多越好。

接下来，新建一个类似的形容词列表，比如 big、green、smelly、cute 等，也是越多越好。两个列表中的项目数量是否相同无所谓。

然后，随机挑选一个形容词和一种动物，并分别将其保存在变量中，需要两个变量：一个是动物，另一个是形容词。然后加上 print()，就可以得到 "I have a cute eel"（意思是我有一条可爱的鳗鱼）这样的输出了。每次运行这个应用程序，都会得到不同的组合。

"3" 不等于 3

在进一步探索之前，需要先讨论一个重要的话题。注意到我们在输入变量名的值时有一些不同了吗？提示一下，请仔细看看下面的代码，它们都在前面出现过：

```
lastName = "Forta"
fullName = firstName +" "+ lastName
name=input("What is your name? ")
num=random.randrange(1,11)
choices=["Heads","Tails"]
```

可以看出，有时我们会在值的前后加双引号，有时则不会。这是为什么呢？

因为是文本块（程序员称之为字符串）需要用引号来标记。数字的前后不需要加引号。Python 知道 1 和 11 是数字，它们不可能是其他东西。但是 lastName 呢？它既可以是文本，也可以是一个变量的名称，甚至是一个函数的名称，具体是什么呢？全由程序员来指定。Heads 也是一样，它既可以是一个字符串，也可以是其他东西。计算机不喜欢模棱两可，什么事儿都要清清楚楚地讲明白。因此，使用文本并希望它被计算机视为纯文本时，我们必须要用双引号。

总结如下。

- 变量的前后不能有引号。
- 数字的前后不需要加引号。
- 字符串的前后总是需要加引号。

好了，我们来让这个问题变得有趣一些。"3" 是一个数字还是一个字符串呢？能用它乘以 5 吗？

对我们人类来说，这个问题很简单。在我们看来，"3" 当然是一个数字，用它乘以 5 会得到 15。但是 Python 并不知道 "3" 是一个数字。因为有引号，所以 Python 会认为 "3" 是一个字符串。

如果让 Python 用 "3" 乘以 5，会怎样呢？我知道这听起来会让人有些吃惊，但是我们会得到 "33333"！ Python 会让字符串重复 5 次，而不是把字符串中的数字乘以 5。真的！

字符串需要引号

如果字符串忘记用引号，那么 Python 会认为你指的是一个变量，并且会显示一条错误信息，提示这个变量不存在。

对比 "3" 和 3

想自己试着对比一下吗？在 Python 中，星号 * 是乘号。可以新建一个文件试试，先输入 print(3 * 5)，再输入 print("3"* 5)，看看两者的输出结果有何不同。"3"*5 会将 5 个字符串 "3" 连接在一起。

Python 使得新建变量变得简单

在大多数语言中，我们在新建变量时必须告诉计算机变量的数据类型是什么。Python 在这方面很友好，它会根据我们提供的值自动识别数据类型。

数据类型之间可以进行转换

后面的课程要介绍如何把数据从一种数据类型转换为另一种数据类型。举例来说，这样就可以把字符串 "3" 转换为数字 3。

前面的例子引入了数据类型（data types）的概念。简单地说，数据类型就是一个变量所能存储的信息类型。数据类型有很多种，但最常用的是字符串和数字。lastName = "Forta" 这条语句新建了一个具有字符串数据类型的名为 lastName 的变量。num = random.randrange(1,11) 这条语句新建了一个具有数值数据类型的名为 num 的变量。

那么，"3" 和 3 是一样的吗？答案是否定的。前者是一个字符串，后者是一个数字，虽然看起来很像，但是它们的数据类型并不相同。

代码注释

在开始讨论本章的最后一个例子之前，还需要介绍一个重要的知识点。

到目前为止，我们写的所有代码都很简单，通常只有几行。但在之后的课程中，我们要写几十行，甚至几百行代码。为了让代码更容易阅读和理解，程序员通常会在代码中加入注释。

怎么添加注释呢？答案是像下面这样（以下代码来自前面的例子，不过这次添加了注释）：

```python
# Import needed libraries
import random

# Define the choices
choices=["Heads","Tails"]

# Pick a random choice
coinToss=random.choice(choices)

# And display it
print("It's",coinToss)
```

在 Python 中，注释以井号 # 开头。VS Code 用特殊颜色显示注释，让用户能轻而易举地识别出哪些是注释。

重中之重是要明白 Python 会完全忽略注释。当 Python 看到一个井号 # 时，它就会忽略其后的任何内容。注释是为程序员而写的，而不是为 Python 写的。

写注释可能看起来是在浪费时间。但相信我，它真的很重要，优秀的程序员会对所有代码进行注释。主要有下面几个原因。

- 注释可以帮助你阅读自己的代码。
- 注释能提醒你之前做过什么以及为什么要这样做。
- 注释可以帮助别人理解你的代码是用来做什么的。
- 注释有助于其他程序员理解并处理你写的代码。
- 可以在注释中解释各种假设或依赖这些让代码运作所需要的
  东西。

苏格拉底对话录：
关于注释

而且，注释还有一个重要的用法，它可以用来隐藏代码。例如，我们之前修改了一下代码，把 choices="HT" 改成 choices=["Heads", "Tails"]。这是一个很简单的改动，但要是做了更复杂的改动呢？因此，最好在测试完新的版本之前，把旧的版本保留下来。请看以下代码：

```python
# Import needed libraries
import random

# Define the choices
# choices="HT"
choices=["Heads","Tails"]

# Pick a random choice
coinToss=random.choice(choices)

# And display it
print("It's",coinToss)
```

注意，原来的 choices="HT" 仍然在文件中，并没有被删除或编辑，只是前面多了一个井号 #。于是，这行代码就变成了被 Python 忽略的注释。要想回到先前的版本，只需把这行代码中的井号 # 去掉并放在下一行的开头，把第二行代码变成注释。

程序员们称之为"把代码注释掉"，在修改或测试代码时，这是一个相当重要的技巧。

新术语

　　将代码注释掉（commenting out）　利用注释可以暂时隐藏代码，使其不被执行。

好了，从现在开始，我们要为所有的代码添加注释。

一个骰子，两个骰子

接下来，我们将通过本章的最后一个例子来复习前面学过的全部知识。实际上，不如把例子分解成两个。

大家应该玩过骰子，很多游戏都会用到它。骰子很酷，但计算机骰子更有趣。因此，我们接下来将创建两个程序：一个掷一个骰子，另一个掷两个骰子。

以下是 `Dice1.py` 的代码：

```
# Imports
import random

# Roll and print
print("You rolled a", random.randrange(1,7))
```

看上去很简单，而且都是前面出现过的代码。保存并运行代码，终端窗口中会出现 1 和 6 之间的一个数字（记住，7 不会包含在范围内）。

唯一不同的是，通过 `random.randrange()` 返回的数字没有被保存到变量中，而是被作为参数直接传给了 `print()`。

需要掷一个骰子时，随时可以运行这个程序。

需要用变量吗？

请看下面的代码：

```
import random

print("You rolled a", random.randrange(1,7))
```

它和下面的代码有什么区别呢？

```
import random

num=random.randrange(1,7)
print("You rolled a", num)
```

从功能上讲，这两段代码没有区别，两者都生成并显示一个随机数。

第一段代码在 `print()` 语句中直接生成随机数。其结果值——即 `randrange()` 生成的数字——作为参数传给 `print()`。

第二段代码生成一个随机数，并将其保存在名为 `num` 的变量中。然后，`num` 变量被作为参数传给 `print()`。

两者最后打印的结果一样。唯一不同的是有没有使用变量。

那么，应该使用哪个版本呢？在当前情况下，两个版本之间分不出高下。只有当这个随机数用于其他目的时，例如另一个 print() 或一些计算时，这种差异才会变得重要起来。那时，把生成的数字保存到变量中肯定是更好的选择，因为能重复使用。

但需要掷两个骰子的时候，该怎么办呢？可以运行两次前面的程序，然后自己把这些数字加起来。但这并不是我们程序员的做法。我们会选择另外写一个掷两个骰子的程序。

下面是 Dice2.py 的代码：

```
# Imports
import random

# Roll both dice
dice1=random.randrange(1,7)
dice2=random.randrange(1,7)

# Display total and individual dices
print("You rolled", dice1, "and", dice2, "- that's", dice1+dice2)
```

运行这段代码，终端窗口中会显示两个骰子分别的数值以及它们的和。

对已经掌握了 print() 函数和 random 库的大家而言，这段代码的作用不言自明。这段代码中新建了两个变量，每个变量都包含一个掷出的骰子的值。结果语句显示了这些值，然后进行下面这样的操作：

```
dice1+dice2
```

这是个简单的数学运算：dice1 和 dice2 相加，打印出它们的和。没错，Python 可以飞速完成数学运算。

运算符 +

运算符 + 的作用取决于数据类型。在前面的掷骰子代码中，dice1 和 dice2 都是数值数据类型的变量，因此，当输入 dice1+dice2 时，Python 知道这是要把两者加起来。

但如果这两个变量是字符串，Python 就会把两者串起来，因为对字符串做加法显然没有意义。

Python 在这方面很聪明。它会尝试弄清楚程序员的意图。

现在似乎可以趁此机会向大家说明 Python 中可以使用哪些数学运算符，如下所示。

运算符	说明
+	加法运算符。示例：print(5+5) 将显示 10
–	减法运算符。示例：print(12-7) 将显示 5
*	乘法运算符，本章前面部分中曾介绍过。示例：print(10*3) 将显示 30
/	除法运算符。示例：print(10/3) 将显示 3.333（实际上，小数点后会有无数个 3）
//	也是除法运算符，但只返回整数，不带有余数。示例：Print(10/3) 将显示 3
%	取模运算符，用于从除法中获得余数。示例：print(10%3) 将显示 1

很明显，这些运算符可以应用到不同的代码和函数中。如果好奇的话，可以尝试运行表格中的示例 print() 语句，看看这些运算符的实际效用。

那么，为什么我们在 Dice2.py 中使用变量来存储骰子的值，但在 Dice1.py 中却没有使用变量呢？其实，我们完全可以在两个文件中都使用变量。但只有在数值会被多次使用的情况下，才真正需要变量。在 Dice1.py 中，值只在显示的时候才使用一次，所以尽管可以使用变量，但在这种情况下，变量是可有可无的。在 Dice2.py 中，骰子的值用了两次：一次是在两个骰子的点数显示的时候，另一次是在两个点数加起来以获取总和的时候。在这种情况下，有必要把骰子的点数保存到变量中。

挑战 3.2

平时，我们最常用的是六面骰子。这样的骰子是一个正立方体 (正六面体)，各个面分别有一到六个孔（或数字），对立面两个数相加为七。在桌面游戏中，常见的正多面体骰子有四面、八面、十面、十二面和二十面。[①] 事实上，古希腊人和古罗马人用的就是十二面。大家不妨用 Python 来写一个掷骰子游戏，以便时空穿越到过去和古希腊人及古罗马人切磋一下十二面的骰子怎么玩。

小结

这一章涵盖了很多内容！我们学会了使用库，尤其是 random 库和它的两个函数。我们探索了数据类型，还学会了为代码添加注释。在下一章中，我们将研究如何教会代码做决定。

---

① 译注：此外还有一些少见的多面骰子，例如十四面、三十面、六十面、一百二十面，以及不太实用的一面的 (莫比乌斯带)、五面的、一百面的和球形的。国内最常用的骰子习惯于把一点和四点涂上红色，据清代赵翼考证，最早使用红四点骰子的是唐玄宗。

第 4 章

计算时间差：datetime 库

现在，我们已经学会使用变量、函数和库了。接下来，要探索最为重要的编程工具之一：决策机制，让计算机来做决定。

与日期打交道

如大家所见，Python 是逐行处理代码的。Python 从程序的顶部开始，一行一行地（除了注释之外）按照我们的要求做事。

这其实是很无聊的。如果每个程序都逐行执行的话，那每次运行时做的事情不就完全相同了吗？想象一下，每次访问一个网站时都以同样的顺序显示同样的内容。或者在一个游戏中只能以同样的顺序一步一步地操作。又或者在一个聊天软件中，永远只能输入并发送同样的信息。明白我的意思了吗？这样未免也太无聊了！

很明显，所有实用的程序都必须能以不同顺序做很多不同的事情。这意味着，作为程序员的我们需要想办法告诉计算机如何做决定。

这就轮到至关重要的 `if` 语句出场了，它是本章（和下一章）的重点。

datetime 库

为了给人留下深刻的印象，数学家们很喜欢的一个"戏法"是，询问对方的生日，然后在几秒钟内说出那一天对应的是星期几。这并不是他们瞎蒙出来的（毕竟如果只是蒙的话，只有七分之一的概率能蒙对，难以给人留下深刻的印象），而是在脑海中快速计算出来的。

我们当然可以学习数学家们的计算方法，但身为程序员，我们可以用自己的编程技术来给人留下深刻的印象，让计算机给出结果。

首先，我们需要了解 Python 内置的另一个库 datetime。正如其名，这个库可以处理各种有关日期的事情，如下所示。

- 获取当前日期。
- 计算出未来和过去的一个日期的相关细节（比如当天是星期几）。
- 计算两个日期之间的间隔（若是需要考虑月长和闰年的因素，实际上相当难算）。

对了，datetime 库也可以对时间进行同样的操作。

datetime 库

之所以选择 datetime 库作为我们接触的第二个库，一部分原因是它真的很实用。还有个原因在于，它的工作方式与前面的 random 库略有不同。体验使用各种不同的库对学习编程是很有益的。

新建一个文件，命名为 Date1.py，然后输入以下代码：

```
# Imports
import datetime

# Get today's date
today=datetime.datetime.now()

# Print it
print("It is", today)
```

保存并运行，终端窗口中将显示当前的日期和包括毫秒在内的时间（我知道，这很实用）。

我们已经知道了 import 关键字和 print() 函数的用途，所以要把注意力放在中间这一行上。嗯，说实话，这行代码看起来有点奇怪。

today=datetime.datetime.now() 这行代码获取当前日期，并将其保存在 today.now() 中。显然，datetime.datetime.now() 是个返回当前日期和时间的函数。与迄今为止用过的函数不同，这个函数不需要任何参数。不过，括号仍然是必须要有的。当调用函数时，我们必须提供括号，但可以不传入参数，而是括号内留空，也就是让括号中不含任何内容。

但是 datetime.datetime 是怎么回事呢？为什么不能像第 3 章使用 random 库函数时那样直接用 datetime.now() 呢？

函数与变量

　　请记住，当函数执行时，后面总是带有括号。变量后面则没有括号。

第一个 datetime 确实是库的名称。它与第一行代码 import datetime 中提到的库相匹配。

第二个 datetime 并不是库或函数。实际上，它是一个类（class）。本书的第 II 部分将详细介绍类，并且我们还要自己创建类。现在只需要明白，程序员利用类来整理代码，使函数和信息片段存储于一处。类中包含着可以像其他函数一样调用的函数。

新名词

　　方法（method）　类中的函数称为"方法"。但它们仍然是函数，与前面出现的那些函数一样。

datetime 库中有一个名为 datetime 的类（是的，我和大家一样，也觉得两者的名字如果不一样的话，更好理解）。也就是说，datetime 是导入的库，datetime.datetime 指向 datetime 库中的 datetime 类。

now() 则是一个函数，包含在 datetime 库中，它返回的当前日期和时间保存在 today 变量中。

type() 函数

第 3 章介绍了数据类型。那么，我们刚刚创建的 today 变量的数据类型是什么呢？它不是字符串或数字类型，而是 datetime 类数据类型。

如果想要知道一个变量的数据类型是什么，那么可以使用 Python 的 type() 函数。type() 所做的就是查看变量，并返回其数据类型的对应值。type(3) 将返回 int（表示整数），因为 3 是个数字。type（"3"）将返回 str（表示字符串）。而 type(today)（前面创建的变量）返回的类型是 datetime.datetime。

在后面的章节中，将更深入地研究类型和 type() 函数。

使用 datetime 类

在本章的第一个例子中，我们仅仅打印了 today 变量中的内容。但由于 today 是个类，所以它的许多数据和函数其实都可以使用。

下面试着再来做一个练习。新建一个名为 Date2.py 的文件，输入以下代码：

```
# Imports
import datetime

# Get today's date
today=datetime.datetime.now()

# Print today's year, month, and day
print("The year is", today.year)
print("The month is", today.month)
print("The day is", today.day)
```

保存并运行该代码，终端窗口中将分行显示当前的年、月、日。

today.year 指的是 today 类中的 year 值。month 和 day 同理。

如大家所见，today 变量包含很多信息。先前，我们打印了整个 today 变量（没有特别指明是其中的哪一项），如以下代码所示：

```
print("It is", today)
```

这里，Python 帮了个忙，以默认的可读格式显示了所有信息。但我不推荐这样做。一般来说，最好只显示需要用到的项目，以便能更好地控制输出。

方法与属性

为什么 year、month 和 day 之后没有括号呢？因为它们不是函数（或者说方法），而是可以使用的数据片段，和类中的变量比较相似。它们实际上被称为属性。我们将在第 II 部分中深入讨论属性（和方法）。

引用属性时，不需要使用括号。使用方法（又称函数）时，则需要使用括号。后面很快就会讲到这方面的例子，我们后面要用到 weekday()。

挑战 4.1

修改 Date2.py，使其也可以显示当前时间。需要添加两个属性，分别是 hour 和 minute。

做决定

知道如何获取日期后，是时候回到主题上了。接下来，我们将探索 if 语句，研究如何用这些语句来帮助计算机做决定。

if 语句

我知道，大家恨不得把一天中的每分每秒都用来写代码。但没有办法，还得做其他事，比如说上学，对吧？所以，让我们写一个能识别出当前是星期几的程序，然后为不同日子显示不同的实用信息。很明显，这需要靠计算机来决定。计算机不能只是死板地逐行打印信息，而是必须根据日期的不同做不同的事。

新建一个名为 Date3.py 的文件并输入以下内容：

```
# Imports
import datetime

# Get today's date
today=datetime.datetime.now()
```

```
# Display the right message for different days of week
if today.weekday() == 6:
    print("It's the weekend, no school today!")
    print("We can code all day long!")
```

保存并运行代码。发生什么了呢？嗯，如果今天碰巧是星期天的话，终端窗口中会显示信息（两条 print() 语句）。但如果今天不是星期天的话，就什么都不显示。

神奇的是下面这行代码：

```
if today.weekday() == 6:
```

if 是用来创建条件的。条件是从 if 后开始直到句尾的冒号之前的内容。today.weekday() 方法返回的是当前是星期几，0 代表星期一，1 代表星期二，以此类推。这个条件非常简单。它告诉 Python 调用 today 变量中的 weekday() 方法，然后将其返回的结果与数字 6（代表星期日）进行比较。所以，以上语句创建的条件是"如果今天是星期天，就……"

请特别注意，weekday() 和 6 之间是两个等号，而不是一个。双等号 == 意味着检查两个东西是否相等。它与等号 = 不一样，后者的作用是将值保存到变量中，正如前文所述。

传递给 if 语句的条件必须是一个能被判定为 True 或 False 的条件。就这个例子而言，如果今天确实是星期天，那么条件就是 True。如果不是，那么条件就是 False。

= 与 ==

= 和 == 是不一样的，许多程序员会花好几个小时试图弄清楚代码为什么会出错，到最后却发现是错把 = 写成了 ==，反之亦然。

因此，为了把 = 与 == 明确区分开，需要记住它们各自的定义和用途。首先，= 是赋值运算符，它的作用是赋值，也就是将 = 右边的内容保存到左边的变量中。举个例子，x = 3 创建一个名为 x 的变量，并将数字 3 存入其中。然后，== 是等号，用于比较。举个例子，x == 3 的作用是检查变量 x 的值是否为 3。

千万不要记混了！

Python 中的一周有些奇怪

　　Python 的一周是从星期一开始的。没错，Python 认为星期一是一周中的第一天，而星期天是最后一天。

　　而且，和几乎所有编程语言一样，Python 是从 0 开始计数的。举个例子，如果有一个项目列表的话，它们的编号会是 0、1、2，以此类推。第一个项目的位置是 0，而不是 1。

　　把这两个点结合起来，也就意味着 0 是星期一，1 是星期二，5 是星期六，6 是星期日。

注意缩进

　　要留心缩进。假设前面的代码像下面这样：

```
if today.weekday() == 6:
    print("It's the weekend, no school today!")
print("We can code all day long!")
```

　　在这种情况下，如果今天是星期天的话，第一条 print() 将被执行。但无论是星期几，第二条 print() 语句将总会被打印。为什么呢？因为第二条 print() 语句不在 if 语句的作用域中，它只是一行普普通通的代码，总是要被执行的。

　　那么，Python 怎么知道在条件为 True 时要运行什么代码呢？答案是 Python 会寻找并运行 if 语句下所有缩进的代码行。当 Python 遇到没有缩进的代码行时，就知道对 if 语句的处理已经完成了。

else 语句

　　目前的代码能在星期日时打印出信息。但如果今天不是星期天，Python 就不会打印出任何内容。现在来解决这个问题。以下是改动后的代码，主要是在底部增加了两条新的语句：

```
# Imports
import datetime

# Get today's date
today=datetime.datetime.now()

# Display the right message for different days of week
```

```
if today.weekday() == 6:
    print("It's the weekend, no school today!")
    print("We can code all day long!")
else:
    print("It's a school day.")
```

保存并运行代码。现在，终端窗口将在星期日时显示前两条 print() 语句，其他时候则显示最后一条。

else 用来定义当 if 语句为 False 时（在这个例子中，只要不是星期天就为 False）要运行的代码。无需给 else 设置条件，只需输入 else:，然后输入要运行的代码。在那之后，当 if 条件为 False 时，else 后的缩进内容就会被执行。

改进 if 语句

if 语句还有个问题。它只检查 weekday() 是否会返回 6（也就是星期日），那星期六怎么办呢（也就是 5）？

我们需要将 if 语句的条件改为检查星期六或星期天。如下所示，更新后的代码中只有 if 语句发生了变化：

```
# Imports
import datetime

# Get today's date
today=datetime.datetime.now()

# Display the right message for different days of week
if today.weekday() == 5 or today.weekday() == 6:
    print("It's the weekend, no school today!")
    print("We can code all day long!")
else:
    print("It's a school day.")
```

保存并运行代码。

发生了什么变化呢？修改后的 if 语句的条件变成了两部分，它检查两件事：weekday() 返回 5（星期六）或者 weekday() 返回 6（星期日）。or 意味着只有在其中一个条件为 True 时，if 语句才为 True（而且其下的缩进代码行会被执行）。现在，星期六和星期日时显示的信息（前两条 print() 语句）都是正确的了。

当为 if 语句提供多个检查时，总是得用 and 或 or 将它们连接起来。and 和 or 有什么区别呢？请看下表中有关条件的例子（我将用文字而不是代码来讲解）。

条件	描述
if 午餐是比萨 and 甜点是冰淇淋	if 语句在什么情况下为 True 呢？只有当午餐确实是比萨且甜点也确实是冰淇淋时才为 True。条件的两部分都必须为 True，整个条件才会为 True。如果午餐不是比萨的话，那无论甜点是不是冰淇淋，这个条件都是 False。and 意味着只有当满足了条件的每部分时，整个条件才为 True。缺一不可
if 今天是星期日 or 今天学校放假	if 语句在什么情况下为 True 呢？这里的条件是用 or，而不是用 and 连接的。因此这两部分中的一个为 True，整个条件才为 True。如果今天是星期天，但学校没有放假，那么这个条件就为 True。同样，如果学校放假但不是星期天，条件也是 True。如果在学校放假的时候恰好是星期天呢？条件还是 True。使用 or 时，只要条件的一个部分为 True，那么整个条件就为 True。只有当所有部分都是 False 时，or 条件语句才为 False
if 今天是星期一 or 今天是星期二 or 今天是星期三	if 语句在什么情况下为 True 呢？这个条件包含三个部分，每个部分之间都有一个 or。如果今天是星期一，或星期二，或星期三的话，这个条件就为 True。只要满足了这三个部分中任何一个，那么整个条件就为 True

我们的代码中，两个判断都是在判断是否相等（也就是 == 左右两边的内容是否相同）。下表总结了可以使用的比较运算符。

运算符	描述
==	判断是否等于，如前所述
!=	判断是否不等于，也就是两边是否不一样，和 == 完全相反
>	判断是否大于。如果左边的值大于右边的值，则为 True
<	判断是否小于。如果左边的值小于右边的值，则为 True
>=	判断是否大于或等于。如果左边的值大于右边的值或者与右边的值相同，则为 True
<=	判断是否小于或等于。如果左边的值小于右边的值或者与右边的值相同，则为 True

不要混淆 and 和 or

很明显，在我们的例子中用 and 并不合适，因为某一天不可能既是星期六（5）又是星期天（6）。如果像以下代码这样用 and 的话：

```
if today.weekday() ==5 and today.weekday() ==6:
```

以上 if 语句的评估结果永远是 False，因为这个条件永远不可能成立。这就是为什么我们要用 or 的原因。在本章后面部分中，我们还将多次用到 or。

还有一些其他比较运算符，实际上，我们很快就会接触到其中之一。不过，表格中这些运算符的使用频率最高。

判断其他选项

总之，if 对一个条件进行判断，如果判断结果是 True，那么 if 下面缩进的代码行就会被执行。else 负责提供 if 语句为 False（不为 True）时要执行的代码。

要是还想判断其他条件呢？现在，我们的代码在星期六和星期日显示一段信息，在其他日子显示另一段信息。如果想在星期五时显示一条特别的信息，该怎么办呢？这时候该 elif（else if 的缩写）出场了。

和前面的代码相比，以下代码在 if 语句块和 else 语句块之间多了两行代码：

```
# Imports
import datetime

# Get today's date
today=datetime.datetime.now()

# Display the right message for different days of week
if today.weekday() == 5 or today.weekday() == 6:
    print("It's the weekend, no school today!")
    print("We can code all day long!")
elif today.weekday() == 4:
    # Display this on Friday
    print("It's Friday, tomorrow we'll have tons of time to code!")
else:
    print("It's a school day.")
```

保存代码并运行。现在，程序在星期六和星期日显示一种信息，在星期五显示另一种信息，在所有其他日子时显示第三种信息。

那么，这里发生了什么变化？首先，多了一行解释代码意图的注释。

但最重要的改变是新增了一条 elif 语句：

```
elif today.weekday() == 4:
```

这一行本质上是另一条 if 语句，但因为它是 elif 语句，所以只有在第一条 if 语句为 False 时才会被调用。这行代码判断 weekday() 是否返回 4，也就是星期五。如果判断结果为 True，那么就执行 elif 下缩进的代码行。

下面回顾一下 if、elif 和 else 的用途。

- 如果要用代码判断什么条件的话，总是先从 if 语句开始写起。
- 如果想进行额外的判断，可以使用 elif。elif 总是选择性使用的，既可以完全不添加 elif 语句，也可以添加很多，实际上，想添加多少就添加多少 elif 语句。

- 如果想让代码在 if 或 elif 判断都不为 True 的情况下执行，那么就可以使用 else。else 是可选的，并不是必须要有的。不必为 else 设置条件。else 语句只能有一条，并且它必须是序列中最后的条件语句。

使用 in

在展开下一个话题之前，我想先展示另一种判断是否为多个值之一的方法。请回顾第一条 if 语句：

```
if today.weekday() == 5 or today.weekday() == 6:
```

如大家所知，以上 if 语句判断两个条件，只要条件之一为 True，整条 if 语句就为 True。

这两个条件都是在判断 == 两边是否相等。首先检查 today.weekday() 是否为 5，然后检查 today.weekday() 是否为 6，都是在用 today.weekday() 与数值进行比较。因此，我们可以用另一种方式写这一条 if 语句。

请看以下 if 语句：

```
if today.weekday() in [5,6]:
```

第 3 章介绍过方括号 [] 的作用，它创建一个项目列表。以上代码创建了一个包含 5 和 6 两个值的列表。在 Python 中可以用一个名为 in 的特殊检测，如果要找的值在列表中，就会返回 True。所以，如果 today.weekday() 是 5 或 6，那么它就在（in）列表中，判断将返回 True。如果 today.weekday() 是任何其他值，那它就不在列表中，if 语句就会返回 False。

很不错，是吧？想尝试一下的话，将代码中的 if 语句替换成上面的语句即可。

总之，两种方法都可以完成这项任务。用 in 或 or 运算符都是可以的。按个人偏好来选择就是了。

战胜数学家

我们已经学会了写好一个程序所需的一切知识。接下来要写一个程序，询问用户的生日，然后告诉他们那天是星期几。瞧，我们算得比数学家还快呢！

处理数字输入

不过，在开始编程之前，还需要明确一点。请看下面的代码：

```
year = input("What year were you born? ")
```

大家都明白以上代码有什么用。它要求用户输入一些信息，然后将用户的输入保存在一个名为 year 的变量中。

但是，问题来了。正如第 3 章所提到的那样，字符串和数字是两码事。input() 总是返回一个字符串。如果用户输入是 2011，那么 year 变量就是字符串 "2011"，但我们希望它是数字 2011，因为 datetime 想要的是数字，而不是字符串。

后面的章节中，我们要花更多时间研究数据类型以及如何在数据类型之间进行转换。现在，只需要知道有这么一个奇妙的函数 int()。把包含数字的字符串传给 int() 函数，它就会把这个数字作为真正的数字返回。因此，这行代码会存储字符串 "2011"：

```
year="2011"
```

但下面这行代码则会将数字 2011 存入 year 变量中（字符串 "2011" 被转换成数字 2011）：

```
year=int("2011")
```

综合应用

现在，可以正式动手编程序了。新建一个名为 Birthday.py 的文件，并输入以下代码：

```
# Import
import datetime

#Get user input
year = input("What year were you born？  ")
year = int(year)
month = input("What month were you born? ")
month = int(month)
day = input("What day were you born? ")
day = int(day)

#Build the date object
```

```
bday = datetime.datetime(year, month, day)

#Display the results
if bday.weekday() == 6:
    print("You were born on Sunday")
elif bday.weekday() == 5:
    print("You were born on Saturday")
elif bday.weekday() == 4:
    print("You were born on Friday")
elif bday.weekday() == 3:
    print("You were born on Thursday")
elif bday.weekday() == 2:
    print("You were born on Wednesday")
elif bday.weekday() == 1:
    print("You were born on Tuesday")
elif bday.weekday() == 0:
    print("You were born on Monday")
```

保存并运行该程序。它将提示输入出生年、月、日，然后显示出那天是星期几。

那么，这个程序是如何工作的呢？

我们需要用到 datetime 库，所以第一条语句是 `import datetime`。

接着，我们要求用户输入出生年、月、日。请看以下代码：

```
year = input("What year were you born？  ")
year = int(year)
```

第一行是 `input()`，它将提示用户输入年份，并将用户输入的内容作为字符串保存在变量 year 中。

第二行通过使用 `int()`，将字符串形式的年份转换为数字形式，并将其保存在同一变量中（用数字年份覆盖字符串 `year`）。

实际上，可以像下面这样把两行代码合并为一行：

```
year = int(input("What year were you born? "))
```

在这行代码中，`int()` 将整个 `input()` 函数包含在内，因此它转换了 `input()` 返回的内容，并将其保存到变量中。最终得到的结果和前面的两行代码得到的结果一样。

获得年、月和日后，就要用它们来创建 Python 日期了。前面，我们用如下代码创建了一个包含当前日期的 Python 日期：

```
today=datetime.datetime.now()
```

怎样才能用变量来新建一个日期呢？不是用 now()，而是将年、月、日的值传入 datetime，如以下代码所示：

```
bday = datetime.datetime(year, month, day)
```

这样，**bday** 变量中就包含随时可用的 Python 日期了。

接下来是 **if** 和 **elif** 语句，和前面的 **if** 和 **elif** 语句很相似：

```
if bday.weekday() == 6:
    print("You were born on Sunday")
elif bday.weekday() == 5:
    print("You were born on Saturday")
elif bday.weekday() == 4:
    print("You were born on Friday")
```

我们先检查星期天，然后是星期六，然后是星期五，以此类推。总结一下就是，首先是一条 **if** 语句（判断是否为星期天），然后是一系列 **elif** 语句（逐一判断其他日期）。这里就不再逐一细说了，聪明如你，想必早就已经明白了。

else 去哪里了？

这个 **if** 语句块中为什么没有 **else**？因为一个星期只有 7 天，**weekday()** 只可能返回 7 个数字。我们已经在 **if** 和 **elif** 语句块中处理了所有 7 个选项。我们当然可以添加一条 **else** 语句，但由于它永远不会被执行，所以也就没必要添加了。

请记住，**else** 永远是可以选择性添加的。

另一种解决方案

我还有最后一个想法。现在的代码中有 7 条 print() 语句，每个 **if** 和 **elif** 下都有一条。若是想简化为只用一条 print() 语句（这样就不用重复输入相同的文本了），可以像下面这样做（用以下代码来替换当前代码中的 **if** 语句块）：

```
#Display the results
if bday.weekday() == 6:
    dow="Sunday"
elif bday.weekday() == 5:
    dow="Saturday"
elif bday.weekday() == 4:
    dow="Friday"
elif bday.weekday() == 3:
    dow="Thursday"
```

```
elif bday.weekday() == 2:
    dow="Wednesday"
elif bday.weekday() == 1:
    dow="Tuesday"
elif bday.weekday() == 0:
    dow="Monday"

# Display the results
print("You were born on", dow)
```

编程的方式是多种多样的。在上面的版本中，if 语句和 elif 语句并不打印任何内容，而是都在名为 dow（day of week 的缩写）的变量中存储一个日期。然后，这个 dow 变量被传入一条 print() 语句中。最终结果是相同的，只是组织代码的方式略有不同。

小结

本章介绍了所有编程语言中最重要的一部分，if 语句是用来做决定的，下一章将继续研究它。

第 5 章

剪刀石头布

第 4 章讲解了如何用 if 语句创建条件，这是个非常重要的主题，因此本章将继续讨论，并利用学到的各种知识来创建一个剪刀石头布小游戏。

更多字符串

在前面几章中，我们已经用过很多很多字符串了。友情提示，字符串就是文本块。大家应该已经非常熟悉下面这样的代码了：

```
name="Ben"
print(name)
```

在这段代码中，name 是个变量，准确地说，它是个字符串。

既然我们已经接触过类（比如第 4 章中的 datetime 类），那么现在是时候告诉大家一个秘密了：name 字符串实际上也是一个类，它是 str 类。如果运行以下代码的话：

```
name="Ben"
print(type(name))
```

会看到 name 变量属于 str 类型（这是 Python 对字符串的称呼）。

而且，正如大家所知，类有一些方法可供使用。

大家可以试着做接下来这件有趣的事。新建一个文件，命名为 oneStringTest.py，然后输入以下内容（大家要像我一样用自己的名字……除非和我名字一样，如果那样的话，你的名字真好听，一定得用）：

```
name="Ben"
name=name
print(name)
```

是的，中间那行代码并没有什么用：它把 name 设置成当前 name。

但是，一个小小的改动就会让这行代码变得有用起来。在 name=name 后面加一个句点 . 后稍等片刻，VS Code 会弹出下图这样的浮窗。

name 是个字符串，也就是 str 类，对吧？输入句点后，VS Code 会显示出所有可用的方法（记住，方法就是函数）。选择任何一个方法，将鼠标悬停在方法名上，就会出现与该方法对应的帮助浮窗。

下面来实践一下。把中间那行改成下面这样：

```
name=name.upper()
```

保存并运行代码。可以看到，`name` 中的值被转换成大写字母。这就是 `upper()` 方法的作用。相对地，`lower()` 方法可以将文本转换为小写字母。还有一个很有用的方法叫 `strip()`，可以用来移除文本前后的额外字符。

如果想把文本转换为大写字母并同时移除所有多余的空位，就可以用下面两个函数：

```
name=" Ben "
name=name.upper()
name=name.strip()
print(name)
```

上面的代码中，名字一开始是 Ben（前后有空格）。下一行把它变成了 BEN（空格仍然在）。第三行把空格移除了。

> **小贴士**
>
> **移除空格**（stripping whitespace） 实际上，有三种不同的方法可以移除多余的文本。`rstrip()` 从字符串右边（指文本末尾）移除多余的文本。`lstrip()` 从字符串左边（字符串的开头处）移除文本。`strip()` 差不多就是 `rstrip()` 和 `lstrip()` 的合体，用于删除字符串两端的空格。

实际上，Python 还允许我们叠加使用这些函数。以下代码的作用和前面的代码一样，只不过把两个方法合并到了一行中：

```
name=" Ben "
name=name.upper().strip()
print(name)
```

我们将在游戏中使用这些方法。

游戏时间

掌握了如何使用 `if` 语句后，是时候创建石头剪刀布游戏了。这通常是两个人玩儿的猜拳游戏，每人各出三种手势中的一种。石头克剪刀，剪刀克布，布克石头。我们将创建的是这个游戏的计算机版本。我们和计算机将分别从三种手势中挑选一种，然后看看是谁赢了，也有可能是平局。

处理用户输入

这次要做的事情有些不同，不再是创建多个程序，而是创建一个程序，并利用前面学到的所有知识来逐步增加它的功能。

新建一个文件，命名为 rps.py（rps 就是石头布剪刀的英文首字母缩写）。先输入以下代码：

```
# Imports
import random

# Computer picks one
cChoice = random.choice("RPS")

# Get user choice
print("Rock, Paper, or Scissors?")
uChoice = input("Enter R, P, S: ")

#Test it
print("You:", uChoice)
print("Computer", cChoice)
```

保存并运行代码。程序将提示我们输入 R、P 或 S，然后显示我们和计算机的选择。

和我们在第 3 章中所做的练习类似，这段代码首先导入 random 库，然后用 choice() 方法从 R、P 或 S 这三个选项中随机挑选一个。

接着，我们用 input() 函数要求用户输入 R、P 或 S。

到这里为止，我们已经获取了计算机的（随机）选择以及用户的选择。

最后几行（从 # Test it 注释开始直到结尾）是暂时的，它们的作用是在进一步编写程序之前先测试一下前面的代码。确定前几行代码合法之后，可以删除这段测试代码。

像专业人士那样，随时进行测试

在工作过程中经常测试代码是个非常好的习惯。需要测试的代码比较少的时候，更容易发现和定位问题。确定一部分代码没有问题之后，就可以继续编写下部分代码了。所有专业程序员都是这么做的。

怎么样？代码能正常运行吗？用户需要输入三个字母中的一个，我们将在 `if` 语句中使用这些字母。代码要求用户输入 R，P 或者 S。如果用户输入小写的 s 或在字母后加了一个空格的话，`if` 语句就不能正常运行了。

我们知道怎么解决这个问题。在 `input()` 语句下方加上下面这行代码：

```
uChoice=uChoice.upper().strip()
```

另外，因为 Python 允许叠加使用方法，所以我们可以把 `input()` 代码行改成下面这样：

```
uChoice=input("Enter R, P, S: ").upper().strip()
```

最终结果都一样：uChoice 包含没有多余空格的大写文本。

再次测试代码。输入大写或小写文本，并添加一些空格，以确保代码能按照我们的意图运行。确定一切正常后，就可以删除测试代码了（从 `# Test it` 到最后一行）。

游戏的代码

现在要利用 `if` 语句来查看游戏赢家是谁。在文件底部添加下面的代码：

```
# Compare choices
if cChoice == uChoice:
    print("It's a tie!")
elif uChoice == "R" and cChoice == "P":
    print("You picked rock, computer picked paper. You lose.")
elif uChoice == "P" and cChoice == "R":
    print("You picked paper, computer picked rock. You win.")
elif uChoice == "R" and cChoice == "S":
    print("You picked rock, computer picked scissors. You win.")
elif uChoice == "S" and cChoice == "R":
    print("You picked scissors, computer picked rock. You lose.")
elif uChoice == "P" and cChoice == "S":
    print("You picked paper, computer picked scissors. You lose.")
elif uChoice == "S" and cChoice == "P":
    print("You picked scissors, computer picked paper. You win.")
else:
    print("Not very good at listening to instructions. Huh?")
```

保存代码并运行程序。每次游戏时，程序会比较我们和计算机的选择，并显示哪方赢了或是双方平了。

这段代码应该不难理解，不过我们还是从头到尾把它捋一遍吧。

第一条 if 语句检查用户的选择（uChoice）和计算机的选择（cChoice）是否相同。如果相同，那么就是平局。

然后是 6 条 elif 语句，负责检查每一个可能的选择组合。注意，这次的条件表达式使用了 and，而不是 or，因为每条 elif 语句都要测试两个选择是否匹配。

最后是 else 语句。只有当 if 或 elif 语句没有一条为 True 时，才会轮到 else 语句出场。唯一可能发生的情况是用户并没有输入 R、P 或 S 这三个字母之一，所以 else 语句打印的信息反映了这一点。

我们的游戏已经略具雏形了！

用户从来不遵循指示

代码要求用户输入 R、P 或 S，而我们在 if 语句块中加入了一条 else 语句，后者只有在用户输入 R、P 或 S 以外的东西时才会被执行。

这是个好习惯。因为用户往往不善于遵循指示。我们身为程序员，应该总是假设用户不会遵照指示，提前考虑到这一点，并写出能预见和处理这种情况的代码。这样一来，代码就不会因为用户的错误而中断了。

最后一次调整

游戏已经做好了。每次和计算机猜拳的时候，你都有相同的概率赢、输或和计算机打平。

环顾四周，确保没有人在看着你。我是认真的。现在，我们要变身为只顾牟取个人私利而篡改代码的超级大坏蛋了。准备好了吗？作为程序员，我们对应用程序有完全的控制权，而且，不是说这种行为应该被纵容，但我们可以利用这种控制权来为自己取得优势。

先从个性化的游戏体验开始。在 import 这行代码下，在计算机的选择之前添加这段代码：

```
# Ask the user for their name
name=input("What is your name?: ")
```

接着，为了显得更有个性，把获取用户输入的上一行改成下面这样：

```
print("Hello", name, "let's play Rock, Paper, or Scissors")
```

现在，运行游戏时，程序会询问用户的名字，并向他们问好。没错，我们就是为了提升用户的个性化游戏体验而特地添加代码的……（才怪）。

代码知道用户是谁后，就可以（咳咳）根据用户输入的内容来调整计算机的选择了。;-)

在获取用户输入的代码行之后，在 # Compare choices（比较选择）之前添加下面这段代码（要像我这样用自己的名字）：

```
# TOP SECRET CODE
if name == "Ben":
    if uChoice == "R":
        cChoice = "S"
    elif uChoice == "P":
        cChoice = "R"
    elif uChoice == "S":
        cChoice = "P"
```

保存并运行代码。现在的你将所向披靡。玩这个游戏（输入你的名字）的时候，你肯定每次都会赢，而其他人的胜率却只有三分之一。

那么，我们添加的代码实际上起着什么作用呢？首先是一条判断"你的"名字的 if 语句。如果输入的是你的名字（也就是说，你的名字被存储在 name 变量中），Python 就会运行缩进的代码。如果不是，Python 就会跳过这个 if 语句块中所有缩进的代码。

缩进的代码很有趣。它是另一条 if 语句，但它缩进了，所以被包含在第一条 if 语句里面。这是一条 if 语句中的 if 语句，程序员称之为嵌套 if 语句。if 和 elif 语句查看用户输入的内容（uChoice），然后，嗯，让我们把这种行为叫调整，它对计算机的选择（cChoice）进行调整，让计算机总是输给你。计算机一开始做出的选择仍然是随机的，只不过我们用另一个选择覆写了它。

和家人或朋友一起玩玩这个游戏，让他们看看你的运气有多好。

> **新术语**
>
> 　嵌套（nested）　当一条 if 语句位于另一条 if 语句内部时，我们就称之为嵌套（有点儿像俄罗斯套娃）。以后的章节要介绍其他可以嵌套的命令。

挑战 5.1

　　我们可不想让和自己同名同姓的人也占到便宜。这段代码该怎么修改才能实现只有我们自己才能作弊的目标呢？或许可以要求名字以特定的方式输入（比如全部小写），或者在结尾处加一两个空格。想出一个方案并修改 if 语句来检查它是否可行。

小结

　　if 语句非常重要，不使用它们的话，几乎不可能写出任何实用的代码。因此，本章讲解了很多使用 if 语句的例子，其中含有不同的判断和条件，这将把我们带到下一个话题：循环。

第 6 章

加密解密：for 循环

掌握了 if 语句后，就只剩下一个主要的知识点需要学习了。本章中，我们将开始探索循环。

列表

循环是至关重要的。接下来的几章将重点介绍不同类型的循环，以及它们的正确用法。

不过，在开始研究循环之前，我们需要先花些时间来回顾一种特殊的变量类型：列表。前面简要介绍过列表，比如第 3 章出现的这行代码：

```
choices=["Heads", "Tails"]
```

正如前面解释的那样，变量通常存储一个单一的值。列表是一种特殊类型的变量，它可以存储大量的值，也可以不存储任何值。

前面这行来自第 3 章的代码新建了一个名为 choices 的列表，其中包含两项，分别是 "Heads" 字符串和 "Tails" 字符串。

创建列表

那么，如何在 Python 中创建列表呢？嗯，我们知道，只需要简单地创建一个变量，就可以创建列表了。是什么让它成为列表的呢？只要把存储在变量中的值放入一对方括号 []，就算是创建了一个列表。

因此，下面这行代码将创建一个空的列表：

```
animals=[]
```

animals 是个变量，也是个列表，但它是空的。以下代码创建了一个包含五个条目的列表：

```
animals=["ant","bat","cat","dog","eel"]
```

列表可以包含各种各样的东西

第 3 章中创建的列表是一个字符串列表。为了简单起见，我们在这里使用的例子都是字符串列表。但值得一提的是，Python 中的列表强大且灵活。它们可以存储数字、日期甚至列表（是的，可以创建列表的列表，我们将在本书的第 II 部分展开实践）。

列表中的各个条目必须全部放在方括号内，而且各个条目要用逗号来分隔开。

下面来动手实践吧。新建一个名为 List1.py 的文件并输入以下代码：

```
# Create a list
animals=[]
# How many items in it?
```

```
print(len(animals), "animals in list")
```

保存并运行代码，终端窗口中将显示"**0 animals in list**"，意思是列表中有 0 个动物。

这段代码是怎么运行的呢？"animals=[]"创建了一个空的列表。print() 语句则负责显示列表中有多少个条目。为了做到这一点，我们使用了 len() 函数。len() 返回传递给它的任何条目的长度，比如列表中的条目数。因此，len(animals) 返回列表 animals 中的条目数。因为列表是空的，所以返回的是 0。

向列表中添加一些动物名称，如以下代码所示（可以用自己喜欢的动物，不一定要和我的列表一模一样）：

```
# Create a list
animals=["ant","bear","cat","dog","elephant"]
# How many items in it?
print(len(animals), "animals in list")
```

保存并运行更新后的代码。输出结果显示，列表中包含 5 种动物。

len() 函数

这里使用 len() 函数来获得列表中的条目数。但除了列表之外，len() 函数还能返回其他东西的长度。len() 的一个常见用途是用来获取字符串的长度。举例来说，len("hello") 将返回 5。

len() 与索引值的区别

不要把 len() 返回的值和索引值混淆。还记得吗？Python 是从 0 开始计数的，所以，一个有 5 个元素的列表，其索引值为 0 到 4。

初始化列表

和 Python 中的所有数据类型一样，列表实际上是一个 list 类，没错！运行下面的代码时：

```
animals=[]
```

在内部，Python 正在创建一个列表并在没有值的情况下初始化这个列表。Python 是通过使用 init() 方法完成的。我们自己也能这么做。创建空列表的那行代码也可以像下面这样写：

```
animals=list()
```

前面两行代码的作用完全一样。

访问

列表用来存储列表项，比如前面的 **animal** 列表。为了让列表发挥作用，我们需要能够访问存储在其中的条目。为此，我们要再次使用方括号，并在其中指定想获取的项目的编号。

下面来动手实践一下。新建文件并将其命名为 List2.py，然后输入以下代码：

```
# Create a list
animals= ["ant","bat","cat","dog","eel"]
# Display a list item
print(animals[1])
```

保存并运行代码。终端窗口中会显示什么动物的名字呢？一个条目在列表中的位置被称为索引。我们在 **print()** 函数中指定了索引 **1**，对应的是列表中的 **bat**。为什么呢？因为，众所周知，Python 总是从 0 开始计数，所以 **ant** 所在的位置是 0，而 **bat** 所在的位置是 1。

> 新术语
>
> 索引（index）　一个条目（举个例子，一个列表项）在列表中的位置就是它的索引。

一些用得比较少的索引

想从一个列表中返回一系列条目时，可以提供一个范围的起始值和结束值，用冒号:分隔。如以下代码所示：

```
print(animals[2:4])
```

这行代码将在终端窗口中打印 "['cat', 'dog']"，cat 的索引是 2（因为 Python 从 0 开始计数），dog 的索引是 3。一如既往地，结束值并不包含范围在内，2:4 意味着从 2 开始，并在 4 之前停止。

想从一个列表的末尾处开始计数的话，可以使用减号 -，如以下代码所示：

```
print(animals[-1])
```

这将显示什么呢？-1 表示列表中的最后一个条目，-2 是倒数第二个条目，以此类推。因此，这段代码将显示"eel"，意为鳗鱼。

试着输入不同的索引值并运行这段代码。然后尝试输入一个超出范围的索引（比如 5，如果和我用的是同一个例子的话）。Python 不喜欢这种行为，它会提示 "list index out of range"，意为列表索引超出范围，这意味着我们提供的索引是无效的。

修改

如你所见，索引可以用来引用列表中特定的条目。我们利用这个方法从列表中获取一个条目，但同样的语法其实也可以用来更新列表中的一个条目。

新建一个名为 List3.py 的文件，输入以下代码：

```
# Create a list
animals = ["ant","bat","cat","dog","eel"]
# Display the list
print(animals)
# Update item 2
animals[2] = "cow"
# Display the list
print(animals)
```

保存并运行代码。终端窗口中将显示两个 animals 列表，其中，第二个列表中的 cat 被替换为 cow。下面这行代码：

```
animals[2] = "cow"
```

将 cow 保存在 animals 列表的第三个位置（重申一下，Python 从 0 开始计数，所以 2 对应的是第三个条目）。它并没有增加新的条目，而是覆写了已有的值。

添加和删除

到目前为止，我们使用的所有列表都是用一组值来创建和初始化的。但如果需要临时添加或删除值的话，该怎么办呢？

先来看看如何添加一个条目吧。创建 List4.py，并输入以下代码：

```
# Create a list
animals = ["ant","bat","cat","dog","eel"]
# How big is the list?
print(len(animals), "animals in list")
# Add an item
animals.append("fox")
# Now how big is the list?
print(len(animals), "animals in list")
```

保存并运行。程序将报告列表中有 5 种动物，然后再报告列表中有 6 种动物。

为什么会这样呢？ animal 列表一开始确实只有 5 种动物，所以 print() 语句中的 len() 返回 5。

但请看接下来的这一行：

```
animals.append("fox")
```

append() 函数将一个条目添加到列表的末尾。所以下一条 print() 语句说有 6 个动物，因为 len() 函数返回的值就是 6。

将一个列表添加到另一个列表中

想在一个列表中追加多个条目时，可以选择多次调用 append() 函数，也可以选择使用 extend() 函数直接添加一个列表，如以下代码所示：

```
list2=["goat","hippopotamus","iguana"]
animals.extend(list2)
```

这段代码创建了第二个列表（也就是 list2），然后通过使用 extend() 函数将 list2 中的所有条目附加到 animals 列表的末尾。

我们经常发现，完成一项任务的方法远远不止一种，作为程序员，我们可以自由选择最适合自己的方案。

如何删除列表中的条目呢？有两个函数可供使用。如果知道想删的条目的确切索引，可以用 pop() 函数，像下面这样：

```
animals.pop(5)
```

如果想根据条目的值来删除它，则可以这样：

```
animals.remove("fox")
```

查找

怎么检查一个值是否在列表中呢？方法有几种。

如果只是想知道列表中是否包含一个值，并不关心它在列表中的确切位置，那么使用 if 语句就可以了。

新建 List5.py 文件，并输入以下代码：

```
# Create a list
animals = ["ant","bat","cat","dog","eel","fox","goat"]
# Is "goat" in the list?
```

```
if "goat" in animals:
    # Yes it is
    print("Yes, goat is in the list.")
else:
    # No it isn't
    print("Nope, no goat, sorry.")
```

保存并运行。终端窗口将显示"Nope, no goat, sorry."意为"抱歉，没有山羊。"
将 "goat" 添加到第 2 行的 animals 列表中，然后再次运行该代码，这次会显示 "Yes,
goat is in the list." 意为 "是的，山羊在列表中。"

前面的章节中出现过很多 if 语句。这里的 if 包含成员运算符 in，正如其名，
如果列表中有 in 左边的值，则返回 True，否则返回 False。

若是想知道一个条目在列表中的确切位置，可以使用 index() 函数。将代码改成
下面这样（只改动第 6 行的第一条 print() 语句）：

```
# Create a list
animals = ["ant","bat","cat","dog","eel","fox","goat"]
# Is "goat" in the list?
if "goat" in animals:
    # Yes it is
    print("Yes, goat is item", animals.index("goat"))
else:
    # No it isn't
    print("Nope, no goat, sorry.")
```

保存并运行代码。如果 animals 列表中没有 goat 的话，那么返回的结果就
会和之前的一样。但如果有 goat 的话，程序将返回 goat 在列表中的位置，因为
animals.index("goat") 返回 goat 的索引。

排序

列表没有任何特定的顺序，列表以条目添加顺序来存储和显示条目。

本章中用到的所有列表都是按字母顺序排列的，但不是必须如此。这么做是为了
更方便阅读和编写代码。

但要是需要给列表排序的话，该怎么做呢？比如，现在有以下代码：

```
# Create a list
animals= ["iguana","dog","bat","eel","goat","ant","cat"]
```

这个列表显然不是按字母顺序排列的。如果它有必要按字母排序呢？

尽管这并不是一个很好的例子，因为我们可以直接按字母顺序输入动物。但如果

这个列表不是硬编码的，而是由用户输入动物名称，然后我们得对列表中的用户输入进行排序，怎么办呢？

新术语

　　硬编码（hard coding）　当值（数字、文本、日期、各种内容）被直接输入到代码中时，我们就称之为"硬编码"。而且，原则上来讲，硬编码是非常不提倡的。

新建一个文件，命名为 List6.py，参考输入以下代码（可以随意向列表中添加更多动物，越多越好）：

```
# Create a list
animals= ["iguana","dog","bat","eel","goat","ant","cat"]
# Display the list
print(animals)
# Sort the list
animals.sort()
# Display the list
print(animals)
```

保存并运行代码。你会看到完整的 animals 列表显示了两次，第一次是按照它们放入列表的顺序显示，第二次则是按照字母顺序显示的。

神奇的是下面这一行：

```
animals.sort()
```

sort() 是一个函数，它的作用就是对列表进行排序。在默认情况下，它是按字母顺序排序的，但如果需要的话，也可以让它按降序排列。

很有意思吧？那么这一切和循环有什么关系呢？

只能对相同的类型进行排序

　　如前所述，我们可以对字符串列表进行排序。其实，还可以给数字列表排序，像下面这样：

```
[98,1,65,43,1]
```

　　但混合数据类型的列表不能排序。举个例子，如果试图对下面的列表进行排序：

```
[98,"car",1,65,"plane",43,1,"boat"]
```

　　Python 不知道该怎么排序，所以会显示错误信息。

列表函数会直接修改列表

注意到列表函数有一些有趣和不同之处了吗？它们的表现和之前用过的函数略有不同。为什么呢？请看下面的代码：

```
name="Shmuel"
name.upper()
```

这段代码有什么作用呢？它新建了一个名为 name 的变量，然后建了 name 变量的大写字母版本，对吧？但是 upper() 返回的是 name 的大写副本，并没有真正改变 name 变量。不信你自己测试一下。输入上面的代码，然后再加上 print(name)。可以看到，name 没有什么变化。如果真的想把 name 转换为大写字母，则需要把 upper() 返回的内容保存在 name 变量中，覆写原来的内容，如以下代码所示：

```
name="Shmuel"
name=name.upper()
```

列表函数不是这样工作的。比如，animals.append() 真的会在 animals 列表中添加一个值。

这个区别非常重要，请务必记牢。

其他实用函数

如你所见，len() 会显示一个列表中有多少个项目。想要知道列表中某个项目有多少时，可以使用 count() 函数。举个例子，想知道列表中有几个 cow 时，可以输入 animals.count("cow")，然后就能知道列表中有多少个 cow 了。

需要复制列表时，可以使用 copy() 函数。需要在列表的中间位置插入一个项目时（将所有后面的项目往后移一位），可以使用 insert() 函数。

之后的章节会讲解这些函数的相关例子。

循环

现在，我们已经知道 Python 是逐行执行代码的。它从文件的顶部开始，略过注释，按照顺序处理每行代码。第 4 章介绍了 if 语句，它有效地处理过程中包含或排除的各行代码。

　　但是，怎样才能不断地重复一个代码块呢？假设我们正在编写一个游戏，需要反复地移动，直到碰到障碍物为止。或者我们想让用户反复地自拍并发送信息，直到结束聊天会话。又或者我们想要开发一个简单的计算器，并允许用户在单击计算按钮之前反复输入数字。

　　所有这些例子都有一个共同点，一个功能可以反复使用，直到过程结束为止。

　　实现这个目的需要使用循环，Python 支持两种类型的循环。

- 可以循环一组定义好的选项。比如从 1 到 10 的循环，或者循环显示一组上传的图像，又或者是循环当前正在阅读的文件中的段落。在这种类型的循环中，迭代次数（即循环的次数）是有限的。对一组选项进行循环时，一旦循环完最后一个选项，循环就会结束。本章将重点讨论这种类型的循环。

- 也可以循环到一个条件发生变化为止。例如，允许玩家在游戏中移动，直到玩家的角色死亡为止，只要条件（角色仍然活着）为 True，循环就会一直重复，而当条件不为 True 时（角色死翘翘）就会结束。或者允许用户反复自拍，直到他们单击发送为止，只要条件（用户还没有单击发送）为 True，循环就允许用户使用相机并拍照；单击发送后，条件就变成 False，循环也就结束了。在这种类型的循环中，迭代的次数是未知的。循环只是不断地进行重复下去，直到条件发生变化。下一章将重点研究这种类型的循环。

遍历

　　从最简单的循环开始吧。试着在以下列表中进行循环。

```
animals=["ant","bat","cat","dog","eel"]
```

　　我们知道，这是一个名为 animal 的列表，其中有 5 个条目。

　　本章的前面部分介绍过访问单个列表条目的方法。但如果想循环浏览这个列表，并单独打印每个条目的话，该怎么做？嗒哒！下面有请循环闪亮登场！

　　新建一个文件，命名为 Loop1.py，并输入以下代码：

```
# List of animals
animals=["ant","bat","cat","dog","eel"]
# Loop through the list
for animal in animals:
    # Display one per loop iteration
    print(animal)
```

保存并运行代码。应该可以看到下面这样的输出：

```
ant
bat
cat
dog
eel
```

我们已经知道第一行代码的作用了，接下来看一看循环部分的代码。如下所示：

```
for animal in animals:
```

这行代码让 Python 循环处理 animals 列表，并在每次迭代时，将一个项目放入名为 animal 的变量中。注意，这里有两个变量：animal 和 animals。animals 是我们新建的列表，animal 是什么呢？我们没有单独创建过 animal 变量，而是交给 for 循环代劳了。循环在每次迭代时都会自动改变 animal 的值。我们通过指定 for animal 来告诉 for 循环为这个变量起什么名字给这个变量起什么名字都可以，但对于一个从 animal 列表中存储动物的变量来说，animal 这个名字似乎是个不错的选择。

> **新术语**
>
> 　迭代（iteration）　一个循环的每个周期称为"迭代"。程序员说"代码在迭代"时，意味着它在循环。

和 if 语句一样，循环以冒号 : 结尾，在循环下面缩进的代码就是每次迭代时都会被调用一次的代码。

那么，在前面的例子中，print() 语句被调用了多少次？答案是 5 次，因为 animal 列表中有 5 个条目。试着添加一个或多个项目，然后再次运行代码。缩进的代码将被列表中的每个条目调用一次。

和 if 语句一样，需要留心循环下的缩进。如果把缩进弄错了，程序就不能如期工作了。举个例子，请看下面的 for 循环：

```
# Loop through the list
for animal in animals:
    # Display one per loop iteration
    print("Here is the next animal:")
print(animal)
```

得到的输出如下图所示:

```
Here is the next animal:
Here is the next animal:
Here is the next animal:
Here is the next animal:
Here is the next animal:
eel
```

为什么会是这样呢? 缩进的 print() 语句在每个迭代中被调用一次,所以 "Here is the next animal:" 重复了 5 次。但是最后一条 print() 语句没有缩进(程序员会说它在循环之外),所以它在循环结束之前不会被处理。因此,最后一条 print() 只被调用一次,而 animal 变量将包含最后被放入的值(列表中的最后一个条目)。

列表能有多小?

当对一个列表进行循环时,最少能迭代多少次? 答案是 0 次。如果列表是空的,那么缩进的代码根本不会被调用。

什么时候会用到空的列表呢? 之后的章节中会讲解相关的例子。

循环处理数字

接下来看数字循环。和刚才的列表循环有些相似,但这次不是在列表中循环,而是指定一组数字后对它们进行循环处理。

创建 Loop2.py 文件,并输入以下代码:

```
# Loop from 1 to 10
for i in range(1, 11):
    # Display i in each loop iteration
    print(i)
```

保存并运行代码,终端窗口中会逐行显示数字 1 到 10。

range() 指定了数字的范围,和第 3 章中的 randrange() 一样,结束值不包含在内,所以 range(1, 11) 意味着从 1 开始,在 11 之前停止。

for i 创建了一个名为 i 的变量,在循环中,i 包含着范围内的下一个条目。i 在第一次迭代中是 1,第二次迭代中是 2,然后是 3,依此类推。

试着改变范围值并运行代码。多试几次。

挑战 6.1

　　range() 接受选择性的第三个参数：步长（step）。如果指定 range(1, 11, 2)，循环计数器将每次增加 2，因此循环将运行 5 次而不是 10 次（输出 1，3，5，7 和 9）。试着创建一个循环，显示数字 10、20、30，最后直到 100。

嵌套循环

　　现在来增加一些趣味性。在第 4 章末尾，我们探索了嵌套 if 语句，也就是一条 if 语句包含在另一条 if 语句中。循环也是可以嵌套的。

　　接下来的例子或许会让你回想起小学时候的美好时光。还记得乘法口诀表吗？很有趣，对吧？你当时可能花了些时间才能把乘法口诀表倒背如流的，但只需要短短的三行代码，就能让 Python 展示 12×12 的乘法口诀表！

循环嵌套

　　可以在循环中嵌套循环，用 if 语句嵌套 if 语句，在 if 语句中嵌套循环，在循环中嵌套 if 语句，还可以在嵌套中嵌套。不过，嵌套得太多可能会加大阅读和维护代码的难度。

　　创建一个名为 Loop3.py 的文件并输入以下代码：

```
# Loop from 1 to 12
for i in range(1, 13):
    # Loop from 1 to 12 within each iteration of the outer loop
    for j in range(1, 13):
        # Print both loop values and multiple them
        print(i, "x", j, "=", i*j)
```

　　保存并运行代码。可以看到终端窗口中很快显示出 144 行输出，从 1x1 = 1 开始，一直到 12x12 = 144。

　　那么这段代码是如何工作的呢？这里有两个循环，为了加以区分，我们分别称之为外循环和内循环。

　　外循环使用的范围是 range(1, 13)，所以它下面的所有内容都被调用了 12 次，每一次，i 变量都包含当前外循环的迭代数（首先是 1，然后是 2，以此类推）。

内循环使用的范围也是 range(1, 13)，它下面缩进的内容都被调用了 **12** 次，每一次，**j** 变量都包含当前内循环的迭代数。

那么 print() 语句被调用了多少次呢？外循环让内循环执行了 **12** 次。而内循环每次被执行时，它都会执行 **12** 次 print() 语句。就这样，print() 语句总共被执行了 **144** 次（**12x12**）。

print() 语句本身非常简单：

```
print(i, "x", j, "=", i*j)
```

第一次运行时，**i** 是 1，**j** 也是 1，所以 print() 语句实际上是下面这样的：

```
print(1,"x", 1, "=", 1*1)
```

print() 快速进行数学运算，并显示 1x1 = 1。

第二轮循环时，**i** 将是 1，**j** 将是 2，所以输出将是 1x2 = 2，如此循环往复，直到 j 是 12，显示的文本是 1x12 = 12。

然后，内循环就结束了，外循环将第二次重启内循环。这次的 **i** 将是 2。也就是说，在第二次迭代中，将从 2x1 = 1 开始输出，一直到 i 是 12，j 是 12，输出是 12x12 = 144。

而要显示这一切，只需要三行代码（是的，我知道上面有六行，但其中有三行是注释。Python 忽略了它们，所以我们也可以忽略它们！）

破解代码

知道如何使用循环后，是时候创建能加密和解密文本的程序了。没错，我们将创建两个程序。第一个程序将要求用户提供一些文本，并显示文本的加密版本。另一个程序将要求用户提供加密的文本，然后解密并显示原始文本。只要在加密和解密时使用的是相同的密钥（稍后再细讲），一切都能顺利进行。

因此，如果收到这样的文本：

```

```

我们就可以解密它，这段文本隐含的真正信息是……（抱歉，现在还不能告诉你！不过，你马上就知道了。）

友情提示，接下来的代码看起来可能会很复杂。但别怕，代码中用到的都是我们前面已经学过的。准备好了吗？

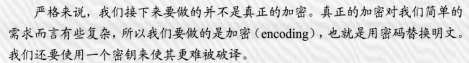

编程与加密

严格来说，我们接下来要做的并不是真正的加密。真正的加密对我们简单的需求而言有些复杂，所以我们要做的是加密（encoding），也就是用密码替换明文。我们还要使用一个密钥来使其更难被破译。

Python 非常适合用来进行真正的加密，有很多更高级的库可以用。

加密字符

将字符替换成加密版本需要进行一些数学运算。但字母又不是数字，怎样对它们进行数学运算呢？

实际上，在计算机中，字母确实是数字。每个字母和字符都有一个内部编号。这通常和我们无关。对我们而言，字母 A 就是 A，B 就是 B，而 3 就是 3。但在计算机里，显示为 A 的字母是 65，B 是 98，3 是 51。每个字符都有自己对应的编码，a 和 A 有不同的编码，因为它们是不同的字符。

我知道，这听起来有点奇怪，但现在只要求大家知道有这么回事儿就行了。每个字符都有一个唯一对应的编码（美国信息交换标准代码，也称 ASCII 码）。

小贴士

使用测试文件 每个程序员都有几十个测试文件（通常命名为 test42.py）。有时，程序员会有个用于存储测试文件的测试文件夹（是的，文件夹通常命名为 test）。测试文件非常适合用来进行修改和尝试。

在 Python 中，可以用 ord() 函数获得任何字符的 ASCII 码。在测试文件中，运行下面的代码：

```
print(ord('A'))
```

终端窗口将显示 65，这就是 A 的 ASCII 代码。把 A 改成 B，就会显示 66，以此类推。

ASCII 字符编程

ASCII（发音同 "ASS-key"）是美国信息交换标准代码的缩写。它是一种电子信息交换的字符编程标准，比互联网和所有现代设备的概念久远得多。

ord()返回一个数字,所以可以用它来做数学运算。下面这个例子算不上特别实用,但请看下面的代码:

```
print(ord('A') + 1)
```

终端窗口将显示 66。ord('A') 返回 65,程序又加了 1,最终得到 66。

那么,怎么把这个数字变回字符呢?和 ord() 函数相对应的是 chr() 函数。下面的代码将显示字母 A:

```
print(chr(65))
```

所以,如果想用 A 加 1 得到 B 的话,可以像下面这样:

```
print(chr(ord('A')+1))
```

这行代码有什么作用呢?最简单的解读方法是先看内部在看外部。ord('A') 返回 65,如前所示。65 加 1 得到 66。然后 66 被传递给 chr(),最终返回 B。

我们可以用这个技术来加密文本。想要加密 HELLO 的话,我们只需要知道要给每个字符的 ASCII 码加上多少(或减去多少)即可。如果加 10,那么 HELLO 就会被加密为 ROVVY(H 变成 R,E 变成 O,以此类推)。反之,用后者减去 10,就解密得到了 HELLO。

取模

在刚才的例子中,10 是加密密钥。我们就是用它来更改每个字母的。

但用这样一个简单的数字进行加密并不是很安全。用户可以先尝试 1,再尝试 2,再尝试 3,然后最终猜出真正的代码。为了使之更具安全性,最好使用其他密钥。

假设密钥是 314159。为了加密 HELLO,我们给 H 的 ASCII 码加上 3,给 E 加上 1,给第一个 L 加上 4,给第二个 L 加上 1,然后给 O 加上 5。这样,HELLO 就变成了 KFPMT。这种密钥很难被猜出来,因为每个字母使用的密钥都不同。

密钥越复杂越好

这种加密手段可以通过寻找模式和重复来破解。简单的密钥会导致大量的重复,复杂的密钥则不然。所以,密钥越复杂,就越难被破解。拿出小本本记下来!

但如果文本比密钥长呢？假设我们要加密 Hello World 这个文本，需要使用 11 位数的密钥（因为空格也有 ASCII 码），然而，现在的密钥却只有 6 位数。在这种情况下，该怎么做呢？

答案是重复使用密钥。如果密钥是 6 位数，我们就用这 6 位数来先加密前 6 个字母，然后再从头开始使用密钥。也就是对第 7 个字母使用密钥的第一个数字，对第 8 个字母使用密钥中的第二个数字，并根据需要不断地重复使用密钥。

如何计算出要使用哪位数字呢？答案是用除法并查看余数。举个例子，想找出第 8 个字符（我们需要密钥中的第二位数字）对应的密钥时，只需用字符索引（8，因为这是第 8 个字符）除以密钥长度（6），就能得到余数 2。第 3 章介绍过取模运算符 %，可以用它来找到余数。具体用法如下：

```
print(8%6)
```

8 除以 6，余数是 2。

利用取模，我们总是可以用字符位置（8 代表第 8 个字符，42 代表第 42 个字符，以此类推）除以密钥的长度，得到的余数就是要使用的密钥对应的位数。

加密代码

好了，新建一个文件，命名为 Encrypt.py，然后输入以下代码：

```
# ASCII range of usable characters - anything out of
# this range could throw errors
asciiMin = 32   # Represents the space character - " "
asciiMax = 126  # Represents the tilde character - "~"
# Secret key
key = 314159    # Top secret! This is the encryption key!
key = str(key)  # Convert to string so can access individual digits
# Get input message
message = input("Enter message to be encrypted: ")
# Initialize variable for encrypted message
messEncr = ""
# Loop through message
for index in range(0, len(message)):
    # Get the ASCII value for this character
    char = ord(message[index])
    # Is this character out of range?
    if char < asciiMin or char > asciiMax:
        # Yes, not safe to encrypt, leave as is
        messEncr += message[index]
```

```
    else:
        # Safe to encrypt this character
        # Encrypt and shift the value as per the key
        ascNum = char + int(key[index % len(key)])
        # If shifted past range, cycle back to the beginning of the range
        if ascNum > asciiMax:
            ascNum -= (asciiMax - asciiMin)
        # Convert to a character and add to output
        messEncr = messEncr + chr(ascNum)
# Display result
print("Encrypted message:", messEncr)
```

保存并运行代码。程序将要求你输入一条要加密的信息，然后显示出加密后的信息。至于解密，则是下一部分要讨论的主题。

那么，这段代码是如何工作的呢？

不是所有 ASCII 字符都能被好好打印出来的，因此为了保险起见，我们需要定义想使用的字符范围，像下面这样：

```
asciiMin = 32    # Represents the space character - " "
asciiMax = 126   # Represents the tilde character - "~"
```

接下来设置密钥：

```
# Secret key
key = 314159     # Top secret! This is the encryption key!
key = str(key)   # Convert to string so can access individual digits
```

key 是数字式的加密密钥，我的密钥是六位数的，不过可以自由设置。这里的关键在于，必须用同样的密钥来加密和解密文本。

我们需要单独使用密钥中的每位数字，记得吗？我们就是在这样用不同密钥数字加密每个字符的。为了做到这一点，需要先把密钥转换为字符串，于是，数字 314159 就变成了字符串 "314159"。从字符串中获取字符就简单多了，就像是从列表中获取列表中的条目一样。

接下来，程序用 input() 函数从用户处那里获取要进行加密的文本，我们已经非常熟悉这个函数了。

接着是下面这行代码：

```
messEncr = ""
```

这将创建一个名为 messEncr（加密信息的英文缩写）的空字符串变量。代码将逐个加密文本的字符，同时把加密后的字符添加到 messEncr 变量中。

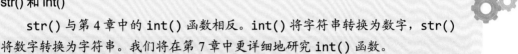

str() 和 int()

　　str() 与第 4 章中的 int() 函数相反。int() 将字符串转换为数字，str() 将数字转换为字符串。我们将在第 7 章中更详细地研究 int() 函数。

　　然后，开始循环处理信息：

```
for index in range(0, len(message)):
```

　　这里使用了一个 for 循环，从 0 到文本的长度的范围内进行循环。这个循环是怎么知道文本有多长的呢？答案是通过 len() 函数。如果文本是 10 个字符，len() 就返回 10，所以循环的范围就是 range(0, 10)，也就是说从 0 到 9 循环，正如我们所期望的那样。在每次迭代中，index 变量将包含迭代次数：0 是第一次，1 是第二次，以此类推。

　　在 for 语句下缩进的代码将对每个要加密的字符都执行一次。在每个循环开始时，我们需要得到待处理字母所对应的 ASCII 码，如以下代码所示：

```
char = ord(message[index])
```

　　message[index] 让我们访问一个单一的字符。在第一个循环中，index 是 0，因此第一次迭代时，message[index] 将返回第一个字符。第二次迭代中，则返回第二个字符，以此类推。ord() 获得的数字 ASCII 码被保存在 char 变量中。

　　第二条 if 语句检查这个字符的 ASCII 码是否在安全范围内。如果不在，就不对它进行编程。如果在，就执行以下这段代码：

```
ascNum = char + int(key[index % len(key)])
```

　　这行代码就是真正负责加密的。index 是当前的字符数（由 for 循环设置）。index % len(key) 用 index 除以密钥的长度，得到一个余数，也就是要使用的密钥数位。对应的密钥将和 char（当前 ASCII 码）相加，得到的结果存储到 ascNum 中。举个例子，如果循环目前的索引是 9，而密钥是 6 位数，index % len(key) 将变成 9 % 6，返回余数 3，密钥的第 3 位数字将被使用。

　　编码后得到的字符会附加到 messEncr 上，如下所示：

```
messEncr = messEncr + chr(ascNum)
```

　　chr(ascNum) 将计算并编码后得到的字符转换为一个字符串，并将其追加到 essEncr 中（请记住，字符串相加的意思是拼接）。

　　正如前面提到的那样，一些 ASCII 字符无法打印出来，因此我们需要把这些字符排除在外。下面这段代码检查编码后得到的字符是否在安全范围内，如果不在的话，就将其转换成安全范围内的值：

```
if ascNum > asciiMax:
    ascNum -= (asciiMax - asciiMin)
```

最后是用来显示加密的文本的 **print()** 语句。

```
print("Encrypted message:", messEncr)
```

这样就搞定了。输入文本，程序将使用密钥中的数字对其进行加密。给别人发送一条加密信息后，他们需要匹配的密钥才能解读它。可以为不同的人设置不同的密钥。

解密代码

很好。但怎样才能对加密的信息进行解密呢？实际上，这个过程和加密代码的过程差不多，只需要在 Encrypt.py 文件的基础上做一些小小的改动。

小贴士

　　使用另存为　使用 VS Code 的"另存为"选项（在"文件"菜单中）来将 Encrypt.py 另存为 Decrypt.py，就会有两个完全相同的文件了。试试吧！

打开 Decrypt.py，我们将对它进行稍作改动。首先，把 **input()** 的提示语句改为解密：

```
message = input("Enter message to be decrypted: ")
```

接下来，找到下面这行负责加密的代码：

```
ascNum = char + int(key[index % len(key)])
```

回顾一下，我们在加密文本时，加上了一个密钥数字。在解密时，减去相同的数字就可以了。因此，把代码改成下面这样：

```
ascNum = char - int(key[index % len(key)])
```

就这样，加号改成了减号。

接下来看刚刚那行代码下面的 **if** 语句。它负责检查 ASCII 码是否超出安全范围，如果有必要，就将其转换为安全范围内的值。我们需要把情况反过来，如以下代码所示：

```
if ascNum < asciiMin:
    ascNum += (asciiMax - asciiMin)
```

if 语句中的小于号 > 被改成了大于号 <，赋值语句中的 -= 变成了 +=。现在不用担心解码过程中会产生一个低于安全范围的数字了。

记得把需要修改的注释改掉。

完美搞定！现在可以加密和解密信息了，只要双方都有相同的密钥。所有这些功能都是通过几个简单的 for 循环实现的。

使用密钥 314159，能解密本节一开始提到的那串加密文本吗？

挑战 6.2

如你所见，Encrypt.py 和 Decrypt.py 大同小异。事实上，应该把它们整合为同一个程序。之所以分成两个文件，是为了使代码看上去简单一点儿。

但这可以改进。尝试创建一个既能加密又能解密的程序。它需要询问用户要执行哪种操作，像下面这样：

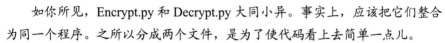

```
action = input("Encrypt or decrypt? Enter E or D: ")
```

然后，可以用 if 语句根据 action 是 E 还是 D 来选择程序是要加密还是解密。

小结

本章讲解了如何用 for 循环来循环处理已知的项目。下一章将研究条件循环以及如何结合使用这两种循环。

第 7 章

猜数字游戏：条件循环

第 6 章探索了 for 循环。在本章中，我们将研究条件循环，并使用条件循环来做一个猜数字游戏。

条件循环

现在，我们已经知道如何使用 for 循环了。需要注意的是，for 循环是用来循环一个有限选项集合的。

条件循环是基于条件来运行的循环。这种循环类型更强大、更灵活并且也是最常用的。

首先来看一个简单但也不太实用的例子。新建一个文件，命名为 Loop4.py 并输入以下内容：

```
# Initialize the input variable
userInput=input("Say something, say STOP to stop: ").upper().strip()

# Loop until the user says STOP
while userInput != "STOP":
    userInput=input("Say something, say STOP to stop: ").upper().strip()
```

保存并运行。程序会在终端窗口中提示我们输入一些文本。输入并按下 Enter 键后，程序会再次提示我们这么做。这个循环会一直持续下去，直到我们输入"STOP"。

第一行代码中，有 input()。和第 4 章中见过的一样，这一条 input 语句也使用了 .upper().strip() 把用户输入的内容转换成大写字母，并删除了多余的空格。

接着是下面这行代码：

```
while userInput != "STOP":
```

while 关键字创建了一个循环。但与 for 循环不同的是，while 接受一个条件（和第 4 章中传递给 if 语句的条件很像）。这个条件检查 userInput 变量，确认它不等于 STOP（!= 代表不等于，和 == 的意思相反）。

就像 if 和 for 语句一样，while 语句也以冒号结尾，在它下面缩进的语句会被反复调用，直到循环结束。这里的缩进代码再次要求用户进行输入。

那么，while 循环什么时候才会结束呢？答案是当用户输入"STOP"时。这时，while 条件将为 False，因为用户的输入不再是不等于 STOP。

while 条件

第 4 章介绍了 if 语句中使用的不同条件和运算符，这些也都适用于 while 条件。

那么，问题来了，while 循环内的缩进代码最少能运行几次？答案是 0。如果用户在第一次 input() 时就输入"STOP"，那么 while 条件就永远不会为 True，一次也不会，因而缩进的代码也就永远不会运行。

> **小贴士**
>
> **if 和 while**　可以用另一种方式来看待 if 语句和 while 语句。两者非常相似，它们都接受条件，如果条件为 True，就执行下面缩进的代码。不同之处在于，当条件为 True 时，if 语句只执行一次代码，而 while 语句则会一次又一次地执行缩进的代码，直到条件不再为 True。

之所以指出这一点，是因为这个程序虽然可以运行，但它会让大多数专业程序员感到不适，甚至会吐。毕竟，程序员讨厌重复的代码，而这里的两行 input() 语句完全相同。有些人可能会疑惑："这有什么不好的呢？"嗯，在这里可能不是什么大问题，但是在一个更大、更复杂的程序中，不同步的风险非常高。对一段代码进行修改后，有时我们难免会忘记修改另一段，这会带来很大的麻烦。

因此，让我们重写这段代码，将 input() 语句合并为一条。具体该怎么做呢？请看下面的代码：

```
# Initialize the input variable
userInput=""
# Loop until the user says STOP
while userInput != "STOP":
    userInput=input("Say something, say STOP to stop: ").upper().strip()
```

初始化所有变量

作为最佳编程实践，我们在创建所有变量时，都要进行初始化，为它提供一个默认值。字符串可以为空，数字可以设为 0，这些都由你决定。这么做可以防止我们误以为变量中包含一些实际上并不包含的东西。

保存并运行代码。程序的行为应该和之前完全一样。

那么，这是如何运作的呢？诀窍是 while 循环至少要运行一次。代码开始时，对 userInput 变量进行初始化（指有一个初始值），使其成为一个空字符串（也就是 ""）。实际上，我们可以将 userInput 初始化为 STOP 以外的任何东西，但空字符串是个不错的选择，也很整洁。这么做的话，while 循环会至少运行一次，因为 userInput 一开始并不等于 STOP，而是等于空。

新术语

初始化（initialize）　初始化是指将一个默认初始值放入一个变量中。

结合我们对列表和 **while** 循环的了解，接下来再创建一个例子。以下是 Loop5.py 文件的代码：

```python
# Create the empty animals array
animals = []

# Variable for input
userInput = " "

# Give instructions to user
print("I can sort animals for you.")
print("Enter your animals, one at a time.")
print("When you are done just press Enter.")

# Loop until get an empty string
while userInput != "":
    # Get input
    userInput=input("Enter an animal, leave empty to end: ").strip()
    # Make sure it is not empty
    if len(userInput) > 0:
        # It's not empty, add it
        animals.append(userInput)

# Sort data
animals.sort()

# Display the list
print(animals)
```

下载代码

友情提示，如果不想自行输入所有代码的话，可以扫描二维码，从本书英文版配套网站获取代码副本。

保存并运行代码文件。终端窗口中会显示一段说明文本，并提示我们输入一种动物的名称。然后，它将提示输入另一种动物的名称，如此循环往复，直到我们不输入任何内容并直接按下 Enter 键。然后，程序将按字母顺序显示所有动物名称。

这段代码应该无需过多解释了。不过，我将对几行比较特别的代码进行重点说明。

在代码的开头处，创建空列表 animals：

```
animals = []
```

接下来，我们创建并初始化 userInput 变量：

```
userInput = " "
```

这一次，它没有被初始化为一个空字符串（""），而是被初始化成一个空格（" "）。还记得吗？我们之所以要初始化这个变量，是为了迫使后面的 while 循环运行。那么问题来了，这个程序中的 while 循环有何用途呢？

```
while userInput != "":
```

这个 while 循环将一直循环，直到用户按下 Enter 键，userInput 为空。如果把 userInput 初始化为空字符串，while 循环将永远不会运行，因为条件永远不会为 True。为了避免出现这种问题，我们才把 userInput 初始化成一个和循环检查的值不同的值。

接着是大家都熟悉的 input()，这部分就不用我们多解释了。

再之后是以下代码：

```
# Make sure it is not empty
if len(userInput) > 0:
    # It's not empty, add it
    animals.append(userInput)
```

我们想通过 append() 函数把用户输入的所有内容添加到 animals 列表中，还需要确保空字符串不会被添加进去（当用户只按下了 Enter 键时，就会发生这种情况）。为了消除空字符串，要使用一条 if 语句，通过使用 len() 函数检查用户输入的长度。如果长度大于 0，就意味着用户肯定输入了什么，那么这时就可以把用户的输入添加到列表中。然而，如果长度等于 0，就不要添加任何东西。

接下来，代码对列表进行排序：

```
# Sort data
animals.sort()
```

最后的代码将显示列表。

无限循环

在使用这种条件循环时，需要格外注意。如果写代码时出了差错，可能会导致条件永远不会改变，程序会一直运行。这就是所谓的无限循环，这也是可能导致程序挂起或崩溃的错误之一。我们有一位非常亲密的朋友说过一句话：“能力越大，责任越大。”①

挑战 7.1

这次有两个挑战。

首先，最后一条 print() 语句负责显示排序后的列表，但输出结果并不是很美观。因此，请试着改用 for 循环来显示输出，逐行打印排序后的动物名称。

第二个挑战是确保用户不会重复输入已有的动物名称。这个功能该如何实现呢？如果记不清怎样检查一个条目是否在列表中的话，请回顾一下第 6 章。修改 if 语句，除了检查用户输入的长度外，还要检查该条目是否已经在列表中了。条件表达式需要分为由 and 连接的两个部分。

游戏时间

掌握了循环之后，是时候创建一个猜数字游戏了。计算机将想出一个数字（好吧，严格来说，它将生成一个随机数），然后要求用户猜出这个数字。用户每次输入自己的猜测时，计算机会告诉用户他们是猜对了，还是猜得大了或小了。当用户最终猜出这个数字时，计算机会显示他们猜了多少次。

简单的小游戏

新建一个文件，命名为 NumGuess.py。输入以下代码：

```
# Guess the number between a specified range.
# User is told if the number guess is too high or too low.
```

---

① 译注：出自电影《蜘蛛侠》，彼得·帕克的叔父在临终前对他说的这句话，后来成为蜘蛛侠恪守一生的信条。

```python
# Game tells the user how many guesses were needed

# Imports
import random
# Define variables
userInput = ""   # This holds the user's input
userGuess = 0    # This holds the user's input as a number

# Generate random number
randNum = random.randrange(1, 101)

# Instructions for user
print("I am thinking of a number between 1 and 100")
print("Can you guess the number?")

# Loop until the user has guessed it
while randNum != userGuess:
    # Get user guess
    userInput=input("Your guess: ").strip()
    # Make sure the user typed a valid number
    if not userInput.isnumeric():
        # Input was not a number
        print(userInput, "is not a valid number!")
    else:
        # Input was a number, good to proceed
        # Convert the input text to a number
        userGuess=int(userInput)
        # Check the number
        if userGuess < randNum:
            print("Too low. Try again.")
        elif userGuess > randNum:
            print("Too high. Try again.")
        else:
            print("You got it!")

# Goodbye message
print("Thanks for playing!")
```

保存并运行程序。程序将提示我们猜一个 1 到 100 之间的数字，并给每次猜测提供反馈，直到我们猜对数字为止。

这里有很多代码，我们来仔细看看吧。

最前面简要介绍代码的多行注释，接着是导入 random 库的语句。

接下来是以下代码：

```
# Define variables
userInput = ""   # This holds the user's input
userGuess = 0    # This holds the user's input as a number
```

这段代码创建并初始化了两个变量：一个是用于存放用户输入的任何内容的 **userInput**，另一个则是用于将存放用户所猜数字的 **userGuess** 变量。为什么需要用到两个变量呢？这个问题稍后再来讨论。

接下来，程序生成一个随机数，并将其存储在 randNum 变量中，然后是几条为用户提供指示的 print() 语句。这些代码我们已经比较熟悉了。

然后是循环，也就是游戏的核心代码。循环将一直执行，直到用户猜对数字。while 条件是下面这样定义的：

```
# Loop until the user has guessed it
while randNum != userGuess:
```

这意味着只要 userGuess 变量和 randNum 变量不匹配，这个循环就会一直持续下去。直到两者匹配，游戏才结束。

我们把 userGuess 变量初始化为 0，把 Num 变量初始化为 1 到 100 之间的数字，所以 while 循环将一直执行其下缩进的代码。

重探注释

　　如你所见，可以把注释和代码写在同一行。Python 会处理代码那部分，并忽略 # 号之后的内容。

接下来是 input() 提示符，我们之前已经用过很多次了。

获得用户的输入后，我们需要确保用户输入的是数字。为什么这很重要呢？原因有两个。首先，我们应该总是给用户实用的反馈，如果用户输入了错误的内容，我们就应该让他们知道这一点。更重要的原因是，之后还需要比较数字的大小，而如果将数字与字符串进行比较，程序会报错。

所以要加上这段代码：

```
# Make sure the user typed a valid number
if not userInput.isnumeric():
    # Input was not a number
    print(userInput, "is not a valid number!")
```

还记得 supper() 和 strip() 这两个字符串类方法吗？isnumeric() 是另一个字符串方法。如果字符串都是数字，它就返回 True，若不然，则返回 False。

那么，这里的 not 有什么作用呢？if userInput.isnumeric() 会检查字符串是否是数字，而 not 则反过来检查 userInput 是否不是数字，if not userInput.isnumeric() 会检查 user 是否没有输入数字，而缩进的 print() 会将结果告知用户。

然后是 else 语句。只有当用户输入了有效的数字时，其下缩进的代码才会执行。

接着是一段下面这样的代码：

```
# Convert the input text to a number
userGuess=int(userInput)
```

这段代码又是做什么的呢？还记得第 3 章中简单提过的数据类型吗？那时，我解释了变量可以有数据类型。我还讲过，一个含有数字的字符串（比如 "3"）不是数字类型，也并不能被用来进行数学计算。

那么问题来了，input() 总是将用户输入的内容作为字符串返回，即使用户输入的是数字，userInput 也只是一个包含数字的字符串。程序需要的是数字。

not 否定条件

以下代码有什么作用？

```
if userInput.isnumeric():
```

这段代码检查 isnumeric() 是否返回 True。它其实是下面这行代码的简略版：

```
if userInput.isnumeric() == True:
```

如果不指明 if 语句要和什么做比较的话，就默认它是和 True 做比较。

not 会把一个条件逆转过来。程序员称之为取反，即"否定"（negate）条件。

所以像下面这样添加 not 之后：

```
if not userInput.isnumeric():
```

代码会检查 isnumeric() 是否返回 False。

也就是说，总是有很多种编码方式。这段代码也可以写成下面这样：

```
if userInput.isnumeric() == False:
```

两行代码的作用完全一样。

　　那么现在怎么办呢？答案是将字符串转换为数字。

　　第 4 章简要介绍过 int() 函数。int() 函数将字符串数据类型转换成数字数据类型，把字符串作为参数传给它，它就会返回数字。userGuess=int(userInput) 的作用是获取 userInput 变量字符串中的数字，然后将其转换成数字数据类型，并保存到 userGuess 变量中。这样做的话，userInput 变量完全没有被改动，它仍然是个字符串，而 userGuess 是这个字符串中的数字。也就是说，如果用户输入是 "3"，userGuess 变量就是 3，这正是我们需要的。

　　顺带一提，如果我们对实际上不是数字的字符串使用 int() 的话，程序是会报错的。我们通过之前对输入的验证避免了这种情况的发生。

　　接下来是一组 if，elif 和 else 语句。

```
# Check the number
if userGuess < randNum:
    print("Too low. Try again.")
elif userGuess > randNum:
    print("Too high. Try again.")
else:
    print("You got it!")
```

　　第一条语句检查 userGuess 变量是否小于计算机给出的数字，第二条语句则检查 userGuess 变量是否大于计算机给出的数字。至于 else 语句，如果 userGuess 变量既不大于也不小于 randNum 变量，那就意味着用户猜对了，对吧？

　　我知道这里有不少代码，但应该都不难理解，毕竟大部分代码都是大家很熟悉的。

　　请随意运行几次这个程序，以确保它可以正常运行。

综合应用

　　程序已经可以完美运行了。但我们还可以做一些改进。

　　首先，我们需要能告诉用户他们猜了多少次才猜对。

　　另外，像前面这样把范围（1 到 100）写在代码中是一个非常糟糕的主意。正如前面所指出的那样，写代码时应该避免留下隐患。如果之后需要把范围改为 10 到 50 或 1 到 1000 的话，我们就得更改每个写有范围的地方。这很容易出现遗漏，这种行为就是硬编码，第 6 章讲过这个概念，程序员要尽量避免这种行为。

　　修改后的代码如下所示：

```python
# Guess the number between a specified range.
# User is told if the number guess is too high or too low.
# Game tells the user how many guesses were needed
# Imports
import random


# Define variables
guesses = 0      # To keep track of how many guesses
numMin = 1       # Start of number range
numMax = 100     # End of number range
userInput = ""   # This holds the user's input
userGuess = 0    # This holds the user's input as a number

# Generate random number
randNum = random.randrange(numMin, numMax+1)

# Instructions for user
print("I am thinking of a number between", numMin, "and", numMax)
print("Can you guess the number?")

# Loop until the user has guessed it
while randNum != userGuess:
    # Get user guess
    userInput=input("Your guess: ").strip()
    # Make sure the user typed a valid number
    if not userInput.isnumeric():
        # Input was not a number
        print(userInput, "is not a valid number!")
    else:
        # Input was a number, good to proceed
        # Increment guess counter
        guesses=guesses+1
        # Convert the input text to a number
        userGuess=int(userInput)
        # Check the number
        if userGuess < numMin or userGuess > numMax:
            print(userGuess, "is not between", numMin, "and", numMax)
        elif userGuess < randNum:
            print("Too low. Try again.")
        elif userGuess > randNum:
            print("Too high. Try again.")
        else:
            print("You got it in", guesses, "tries")

# Goodbye message
print("Thanks for playing!")
```

大部分代码都没有变，因此我只重点谈一谈有改动的地方。

开头处新增了三个变量：

```
guesses = 0      # To keep track of how many guesses
numMin = 1       # Start of number range
numMax = 100     # End of number range
```

第一行代码创建的 guesses 变量用于记录用户的猜测次数。现在先将其初始化为 0，然后在用户每次猜测时都加上 1。

接下来的两行定义两个新的变量，这两个变量决定了数字的范围。numMinis 是最小值（范围的起始值），numMax 是最大值（范围的终止值）。想改变范围时，只需要改变这两个数字即可。下面的所有相关代码（生成数字，给出指示）都无需改动。

为什么呢？因为生成数字的代码已经改成下面这样：

```
# Generate random number
randNum = random.randrange(numMin, numMax+1)
```

numMins 是范围的起始值，numMax+1 则是范围的终止值。还记得吗？randrange() 不会将范围的终止值包括在内，因此如果 numMax 是 100 的话，随机生成的数字最大会是 99，而不是 100。所以，要在 numMax 的基础上加 1，到 101 时结束。这样，100 就能包括在内了。

带有指示的 print() 语句用到了 numMin 和 numMax。在我们改进了代码之后，它们就总能展现出正确的指令了。

在主循环中，有这样一段代码：

```
    # Increment guess counter
    guesses=guesses+1
```

递增变量

下面的代码通过运用当前值 +1 来覆写变量，将 guesses 增加了 1。

```
guesses=guesses+1
```

这行代码也可以写成下面这种形式：

```
guesses+=1
```

我知道这看起来有些怪。这种快捷方式是告诉 Python 让 guesses 自增 1。

这两行代码的作用是一样的。

> 并且，这种快捷方式还可以用来做加法以外的事情。举例来说，-=5 意味着减去 5，*=3 意味着乘以 3。
>
> 不少程序员更喜欢第二种格式，因为它更简短，无需重复输入变量名称，也相应地减少了打错字的可能性。正如前面所说的，程序员讨厌重复。

这使 guesses 每次递增 1。如果 guesses 原本是 0 的话，那么在这行代码之后，它就变成了 1。下一次循环后，它会变成 2，以此类推。用户的猜测次数就是这样记录的。

我们还添加了新的 if 语句，用于检查用户是否输入了超出范围的数字（比如大于 100 的数字）：

```
if userGuess < numMin or userGuess > numMax:
    print(userGuess, "is not between", numMin, "and", numMax)
```

以上代码将检查 userGuess 是否过小（小于 numMin）或过大（大于 numMax），如果是的话，它将为用户提示正确的范围。

> **小贴士**
>
> 　　**不要把值硬编码到程序中**　看出这些变量多么实用了吗？这就是最好不要硬编码值的原因。我们可以一步到位设置好这些变量，而无需改变游戏的任何其他代码。

最后一个改动是用于显示猜对数字的 print() 语句，如下所示：

```
print("You got it in", guesses, "tries")
```

guesses 中存储着猜测的次数，print() 会把这个数字作为结果显示出来。

挑战 7.2

　　这个挑战有些棘手，但我相信你一定可以完美解决。能不能为用户提供更多反馈呢？与其一直显示 Too low 或 Too high，不如在用户猜测的数字和正确答案相差太多时显示 Much too high 或 Much too low，在比较接近时再显示 Too low 或 Too high。好好琢磨一下应该怎么做吧。

小结

在前一章的基础上，本章进一步探索了基于条件的循环。在接下来的两章中，我们将运用目前学到的所有知识来构建一个更复杂的应用程序。

第 8 章

成为一名程序员

　　现在，我们已经掌握了三个最重要的编程概念：变量、条件处理和循环。在这一章以及接下来的两章中，我们将对这些知识进行回顾，并在为编写更复杂的应用程序做准备时，重点关注编程技术和最佳实践。这个过程将帮助你从只能编写代码片段过渡到像一名真正的程序员那样写出一个完整的程序。

程序员是怎样编程的

我们已经学会了如何使用变量，如何使用 if 语句编写决策，以及如何使用 for 和 while 来创建循环。知识量很丰富，而且说实话，我们已经掌握了所有最重要的编程概念。没错，是所有，哪怕不再学习别的知识（但请不要就此止步不前），目前学到的知识也足以用来编写任何程序了。这可不是在开玩笑，我是认真的。利用已经学到的这些知识，可以编写你想要的任何应用程序。

那么，还需要学习什么知识呢？实际上还有很多，后续各章将带领大家探索用户定义的函数、变量范围、类、字典、更多库等。学习这些概念有助于使代码更干净、更有序、可复用且更高效。因此，这些知识都是必须要掌握的。但坦白地说，它们也都是额外需要掌握的知识。前面学的这些基础知识才是编程的核心。

在本章中，我们将通过构建一个更复杂的程序来复习前面学到的所有知识。这些知识都是重中之重，需要反复练习。

正如第 1 章所说的那样，任何人都能学习编程语言。能够让优秀程序员脱颖而出的正是他们使用编程语言的方式。本书的目标是帮助你开始像程序员那样思考，所以我将用接下来创建的应用程序来展示程序员是如何工作的。具体而言，先讲两个概念。

制订计划

我们前面所写的程序都很简单，就算是猜数字游戏（大约有 50 行代码）也相当简单。真正的程序往往有几千甚至几十万或几百万行代码。

真正的程序可能相当庞大

《我的世界》[1]大约有 15 万行代码，而像《守望先锋》《堡垒之夜》和《使命召唤》之类的现代游戏通常有 150 万至 500 万行代码。安卓操作系统大约有 1500 万行代码。Windows 操作系统有大约 5000 万行代码。没错，真正的程序可能相当庞大！

---

[1]　译注：作为我们人类的沟通工具，全球大约有 5651 种语言。游戏《我的世界》中有 119 种。《我的世界》是用 Java 语言来写的。据说，国外有位开发人员用 900 行代码做了一个《我的世界》。

用户体验设计

有一个相对比较新的有趣领域叫用户体验设计。[①]用户体验设计师专注于提升用户使用某个应用程序时的整体用户体验。他们关注用户旅程（用户如何使用应用程序）以及界面切换，等等。这同时也是规划中的重点。毕竟，我们并不希望花了许多时间和精力才构建好的应用程序最后会因为用户体验不好而没有人用。

编写小型应用程序非常简单。只需要启动 VS Code，写点儿代码，然后一边想一边继续写就可以了。对吧？

错！这种做法现在或许还行，但一旦应用程序变得越来越复杂，就行不通了。

打个比方：在建房子的时候，你绝对不会在毫无计划的情况下直接开工，对吧？必须事先考虑房子面积有多大，有几个房间，各个房间分别有什么用途，每个房间如何分布，等等。

编程也如此。需要事先制订计划，需要知道应用程序是用来做什么的、用户的期望是什么、界面应该是什么样了、完整的用户体验是什么样的，如此种种，都需要事先考虑好。

制订计划的方式全凭个人喜好。有些开发人员喜欢在文档中写笔记。还有些人喜欢在白板上画示意图。有许多应用程序可以用来规划功能和需求。具体怎样制订计划并不重要，重要的是先做好计划。

从小处着手

回到刚才建房子的例子。开始建造自己的梦幻家园时，我们不会用黏土烧制砖块，也不会亲自去伐木并锯出门板和窗户，更不会自己组装零件来做门锁和灯的开关。相反，我们会购买现成的建材并把它们带到施工现场，然后把它们安装好（如果有必要的话，可能会对它们进行改装）。瓷砖、屋顶瓦片、电线、管道、电器等也如此。建房子是复杂而艰苦的工作，但通过使用大量现成的、随时可用的、经过验证的、可信赖的材料，这个过程就简化了许多。

编程也是一样的。我们需要找出那些可以独立（也就是在主程序之外）构建的部分。这样做有下面几个好处。

- 测试一个大型应用程序中的一部分代码是非常困难的。仅仅是等待程序运行

---

① 译注：要想进一步了解用户体验设计，可以参见《高质量用户体验（第 2 版 特别版）》，清华大学出版社 2022 年出版。

到待测试的代码片段的位置，就很费时间。而且，如果还有依赖关系（用户输入、菜单选择等），会更麻烦。专业程序员会试着把整个代码部分独立编写出来。以便在主程序之外对这段代码进行实验、测试、迭代、完善。

- 这种类型的编程也很适合重复使用。开始构建较小的代码块时，你会发现它们也能在其他程序中使用。这可以省下不少时间，因为之后就不必总是从头开始，并且，一开始就有一些已经使用和测试过的代码的话，总是很不错的。

- 最重要的是，解决许多个小问题和小挑战比解决一个庞大而让人心生畏惧的问题容易得多。

因此，这就是我们首先要做的事情，一切从细节入手。

游戏组件

在本章和下一章中，我们要制作猜单词①这个小游戏。你玩过这样的游戏吗？通常是用笔和纸来玩的。一个人选择一个单词，并画出横线，多少取决于这个词有多少个字母。其他的人猜测对应的字母来尝试图拼出完整的单词。每猜错一次，就在绞刑架上添上一笔。一旦玩家正确猜出这个词或是猜错次数太多，游戏就结束。

游戏开发的主要内容就是获取输入以及检查字母，我们之前已经做过类似的事。但还是有几个部分不太一样，需要精心规划。

- 玩家需要一次只猜一个字母。正如前面所讲的那样，input() 接受用户的输入，但它并不会对输入进行限制。用户可以输入任何内容。我们需要想办法在用户不可避免地输入过多文本时（超过一个字母）做出响应。

- 游戏需要记录用户的猜测，这样它才知道要显示什么以及玩家是否获胜了。列表（第 6 章讲过）或许是个处理猜测的好方法。我们应该确定游戏最终需要的所有步骤。

---

① 译注：据《牛津字母游戏指南》记载，猜单词游戏 Hangman 的起源无从考证，但大致可以认为是从维多利亚时代开始流行起来的。我们都知道，那是莎士比亚的黄金时期，而莎士比亚就是一个天才的造词大王，通过各种构词法，他造了大约 1700 多个词，比如 eyeball 和 green-eyed 等。1894 年出版的《传统游戏》中，提到过猜单词游戏 Hangman，书中称为"雀、兽、鱼"（Birds, Beasts and Fishes）。规则很简单：一个玩家写下一种动物的首尾两个字母，由另外一位猜该字的中间部分。在英语中，出现次数最多的 12 个字母是（由多到少排列）：e-t-a-o-i-n-s-h-r-d-l-u。一方面，玩家以此以及其他字母频率为依据来增加猜中的机会。另一方面，出题的玩家也会使用以此为依据来给出难以猜中的单词。

- 说到列表……如你所见，在默认情况下，它们的显示格式并不是很美观。我们需要想办法将用户的猜测恰当地显示出来。
- 最棘手的挑战是显示遮蔽起来的单词。这是什么意思呢？比如，要猜测的词是 apple，而目前已知的是 a 和 e。游戏需要显示 a _ _ _ e 这样的内容，让玩家知道哪些字母是正确的，以及还有多少字母需要猜测。显然，我们需要把那些还没有被猜出的字母隐藏起来，也就是要把它们暂时屏蔽掉。这里用的屏蔽字符（mask character）是下画线，但其实任何东西都可以用作屏蔽字符，比如，a***e 也是一种实用的屏蔽方式。

这些都是应用程序需要的功能。没有它们，游戏就无法运行。并且，它们可以（并且应当）在被引入完整的应用程序之前，就已经编写并测试完成。

再次声明，我们的核心思想是独立解决这些编程挑战。实验、尝试、编程、单元测试、调整……然后在完整的应用中使用这些代码。

> **新名词**
>
> 　**单元测试**（unit testing）　专业程序员在编写单个组件时，通常还会编写代码来测试这些组件。将来若是要更新这些组件，他们也会同时更新测试代码。这些测试代码从来不是任何使用了这些组件的应用程序的一部分，只是为了对组件进行独立测试而存在的。程序员把这种实践称为"单元测试"。

限制用户输入

先从用户输入开始。下面的代码：

```
currGuess = input("Guess a letter: ")
```

提示用户进行输入，并将值保存到名为 **currGuess**（current guess 的缩写）的变量中。

指示要求用户输入"**a letter**"，只限一个字母。但要是用户输入的字母不止一个呢？**input()** 不限制输入，它只接受文本。那么，我们该怎么应对这种情况？

解决这个问题，方法有很多。可以直接拒绝输入，让用户重试。或者也可以只使用第一个字符，忽略其他所有多余的字符。还有不少其他的选择。

我们作为程序员，可以决定程序该怎样工作。就这个游戏而言，不妨接受第一个字母，忽略其他所有字母。也就是说，如果用户输入了 HE，我们就接受 H，把 E 忽略掉。

如何才能实现这个功能呢？

创建一个测试文件，并在其中用一些代码进行试验。先从简单的 input() 开始：

```
# Get a guess
currGuess=input("Guess a letter: ").strip().lower()

# Display it
print(currGuess)
```

测试代码。程序会提示我们输入文本，然后将我们输入的文本显示出来。够简单吧？

这个 input() 使用了两个函数。一个是第 5 章中介绍的 strip() 函数，负责删除多余的空格字符。另一个是 lower() 函数，负责把输入转化成小写字母（因为让所有文本保持大小写一致的话，能简化代码）。

到目前为止，一切都很顺利。但我们怎么确保输入为限制一个字符呢？要做到这一点，我们需要知道用户到底输入了多少个字符，这可以通过 len() 函数来实现。在第 6 章中，我们用 len() 函数计算了列表中的项目的数量。但是，正如当时讲到的那样，我们也可以利用 len() 函数获得字符串的长度。这正是我们现在需要的。

下面这条 if 语句负责检查一个字符串的长度是否超过 1 个字符：

```
if len(currGuess) > 1:
```

这很简单。但然后呢？if 语句为 True 时，该如何处理？

第 6 章讲过，可以用方括号 [ ]，通过索引来访问列表中特定的条目。举个例子，下面这行代码会返回 animals 列表中的第三项（如你所知，要从 0 开始计数）。

```
animals[2]
```

也可以对字符串使用同样的语法。请看下面的代码：

```
text="Coding"
text[2]
```

这将新建一个包含 "Coding" 字符串的 text 变量，而 text[2] 则会返回什么字符串中的第三个字母，也就是 d。

也就是说，[0] 将返回字符串的第一个字符。完美！这个语法可以用来限制用户的输入。以下是更新后的代码：

```
# Get a guess
currGuess = input("Guess a letter: ").strip().lower()

# Make sure it's just one character
if len(currGuess) > 1:
    currGuess = currGuess[0]

# Display it
print(currGuess)
```

保存并运行代码。

if 语句检查 currGuess 的长度是否长于它该有的长度。如果是的话，currGuess（用户输入的整个字符串）将被更新为 currGuess[0]（只留下第一个字符）。print() 语句被执行时，currGuess 将只包含一个小写字符，正如我们所愿。

很好，我们将在最终的游戏中使用这个代码片段。

存储用户的猜测

在游戏的过程中，用户会做出许多猜测。游戏需要记住这些猜测，以便在每个回合显示猜测，更新屏蔽字符，并检查用户是否获胜。

有没有什么好的方法可以用来存储逐渐增加的项目集合呢？列表（第 6 章深入研究过）就是个完美的选择。首先，新建一个空的列表，如下所示：

```
guessedLetters= [] # List to store guesses
```

然后，可以用 append() 来添加猜中的字母。

为了独立测试这段代码，我们可以伪造输入。为此，创建一个测试程序。新建一个空列表，提示一些字母，将每个字母添加到列表中，然后显示结果。可以把要添加的字母硬编码，像下面这样：

```
guessedLetters.append("a")
guessedLetters.append("e")
guessedLetters.append("i")
guessedLetters.append("o")
guessedLetters.append("u")
```

或者也可以创建几条 input() 语句来让用户输入字母。还可以利用循环来获取几次输入，像下面这样：

```
for i in range(0,5):
    # Get a guess
```

```
currGuess = input("Guess a letter: ").strip().lower()
# Append to list
guessedLetters.append(currGuess)
```

测试的方法有许多

　　正如你所看到的，有很多方法可以测试代码。可以用硬编码的方式来取值，手动添加 input() 语句，创建临时循环来模拟用户输入，等等。具体如何测试，完全取决于你。关键在于实际进行测试，而且，方法越多越好。

　　前面的代码会循环五次，每次都提示用户输入一个字母，然后将其追加到 guessedLetters 列表中。

　　怎么确定字母是否已经正确添加到列表中了呢？答案是用 print() 检查一下。同时，还可以对列表进行排序（用 sort() 方法，正如第 6 章中讲到的那样），因为完整版游戏中也需要这么做。下面是最终的代码：

```
guessedLetters= [] # List to store guesses

for i in range (0, 5):
    # Get a guess
    currGuess = input("Guess a letter: ").strip().lower()
    # Append to list
    guessedLetters.append(currGuess)

# Sort the list
guessedLetters.sort()

# Display it
print(guessedLetters)
```

　　保存并测试代码。验证这段代码可以如期运行后，就可以确定把它用在完整的应用程序中了。

显示列表

　　现在来看如何显示列表。如果在测试中加入 A、E、I、O 和 U，然后打印列表的话，输出看起来会是下面这样：

```
['A', 'E', 'I', 'O', 'U']
```

　　列表本身没什么错，但它看起来并不美观。那么，怎样改进呢？

第 6 章讲解了如何循环浏览列表。因此，可以像下面这样打印列表：

```
# Display it
for letter in guessedLetters:
    print(letter)
```

这很有效。输出中不再会显示引号、逗号和小括号，而是逐行显示每个字母（因为每个字母都由它自己的 print() 语句在循环迭代中显示）。但是，这个结果也不完全是我们想要的。

为了让所有字母都显示在同一行中，需要让所有字母都使用同一条 print() 语句。这令人回想起了第 3 章提到过的拼接（concatenation）。还记得吗？可以用这种方法为一个字符串添加文本：

```
youTried=""
youTried += letter
```

youTried 将显示用户猜过的所有字母。它一开始是个空字符串。youTried+= letter 会把 letter 变量中存储的所有内容添加到 youTried 中。

也就是说，我们可以这样做：

```
guessedLetters= [] # List to store guesses

if len(guessedLetters) > 0:
    # There are, start with an empty string
    youTried=""
    # Add each guessed letter
    for letter in guessedLetters:
        youTried += letter
    # Display them
    print("You tried:", youTried)
```

保存并运行这段测试代码。它不会显示任何内容，因为 guessedLetters 是空的，而 if 语句会检查 len(guedLetters) 是否大于 0（如果大于 0，则意味着用户已经猜过几次了）。

在 guessedLetters 中添加一些字母。可以在初始化时就这么做，也可以用 append() 来添加，全由自己选择。确保 print() 显示下面这样的单行文本：

```
aeiou
```

确定代码能如期运行后，可以开始处理下一个。

屏蔽字符

最后这个比之前那些棘手一些。本章前面部分已经解释过了屏蔽的要求。屏蔽一个单词中的字母需要用到三个要素：

- 要猜的单词
- 用户目前猜过的所有字母的列表
- 要使用的屏蔽字符

在最后的游戏中，会有代码负责挑选一个随机的游戏单词，而猜过的字母的列表将由用户通过每个 input() 语句来提供。

为了独立于游戏之外地写出屏蔽代码，我们将再次伪造输入，假装已经获得了这些信息。

创建一个测试文件并输入以下代码：

```
gameWord = "apocalypse"
guessedLetters = ['a','e']
maskChar = "_"
```

这段代码简单创建了三个变量。gameWord 是硬编码出来的（现在，我们已经知道了不应该这样做……在测试中除外）。guessedLetters 是一个包含两个条目的列表，因为现在要假装用户猜了 a 和 e（在玩猜单词游戏时，往往是先猜元音）。maskChar 是屏蔽字符。同样，在真正的应用程序中，这些变量将会以不同的方式创建，但对现在的编写和测试代码而言，这样已经足够了。

现在，添加以下代码。

```
# Start with an empty string
displayWord = ""
# Loop through word
for letter in gameWord:
    # Has this letter been guessed?
        if letter in guessedLetters:
            # This one has been guessed so add it
            displayWord + letter
        else:
            # This one has not been guessed so mask it
            displayWord + maskChar

# Display results word
print("Original word:", gameWord)
print("Masked word: ", displayWord)
```

这段代码新建了一个变量，命名为 displayWord，用于保存被屏蔽的字母，然后是一个 for 循环，与第 6 章中的类似。

```
for letter in gameWord:
```

这段代码在 gameWord 中循环，一次一个字母，并对各个字母调用一条 if 语句：

```
        if letter in guessedLetters:
```

以上 if 语句负责检查这个字母是否在 guessedLetters 列表中，如果在的话，就意味着它已经被用户猜中，需要显示出来添加到 displayWord 中。如果不在列表中，就意味着它需要被隐藏起来，因此要添加屏蔽字符作为替代。

底部的两条 print() 语句是测试代码。它们不会成为最终版组件的一部分，但利用它们可以看出代码是否如期运行。第一条 print() 语句打印了要猜的单词（这显然不能在游戏中出现，不然就没得玩儿了），第二条则打印了单词被屏蔽后的样子。

这个例子中测试的 gameWord 是 apocalypse。a 和 e 这两个字母已经被猜中，都包含在 apocalypse 中。因此，在理想情况下，运行代码后，终端窗口中应该显示如下输出：

```
Original word: apocalypse
Masked word:  a    a    e
```

保存代码并运行。得到的输出如下所示：

```
Original word: apocalypse
Masked word:
```

啊哦！肯定是哪里出错了。

但这种时候，独立编写和测试代码的好处就体现出来了。为了找到问题，我们需要知道在循环和 if 语句中发生了什么。为此，可以在代码中添加一些 print() 语句，来说明正在发生的事情。这里，我添加了 4 条 print() 语句：

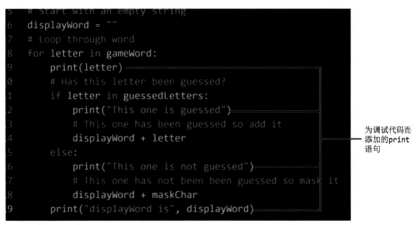

```
5  # Start with an empty string
6  displayWord = ""
7  # Loop through word
8  for letter in gameWord:
9      print(letter)
0      # Has this letter been guessed?
1      if letter in guessedLetters:
2          print("This one is guessed")
3          # This one has been guessed so add it
4          displayWord + letter
5      else:
6          print("This one is not guessed")
7          # This one has not been been guessed so mask it
8          displayWord + maskChar
9  print("displayWord is", displayWord)
```

为调试代码而添加的 print 语句

保存并运行代码。可以看到终端窗口中飞快显示出许多打印输出。这些输出清楚地表明了 if 语句是有效的，因为它正确识别了哪些字母被猜出来了以及哪些没有被猜出来。

输出结果还显示，displayWord 没有任何变化。也就是说，问题出在更新 displayWord 的那行代码上。更新 displayWord 的代码有两行：

```
displayWord + letter
displayWord + maskChar
```

呃，代码中有个 bug[①]！这两行都有问题。严格来说，它们都是有效的代码，因为它们确实在 displayWord 上添加了字母或屏蔽字符。但是，其结果并没有保存下来，而且 DisplayWord 也并没有被更新。为什么呢？因为我们不小心打错了：把两个 += 都打成了 +。

> 新术语
>
> bug　当代码无法工作时，程序员就会说它有 bug。如果觉得代码中有很多 bug 的话，他们甚至会说代码很 buggy。寻找 bug 的过程称为调试（debugging，"除虫"）。有时，寻找 bug 的程序员会用一种叫调试器（debugger）的工具来帮助进行调试。

更新这两行代码，把 + 替换成 +=，还可以把刚才那些测试用的 print() 语句全部删掉。

然后再次测试代码。这一次，屏蔽后的输出应该是正确的。

但为了安全起见，最好进一步测试一下。向 guessedLetters 列表中添加更多字母。先将列表设置为空，像下面这样：

```
guessedLetters = []
```

然后用不同的 gameWord 进行尝试。尽可能多测试你能想到的各个不同的组合。确定一切都搞定后，就能保证这段屏蔽代码已经准备就绪，可以在完成的程序中使用了。

---

① 译注：即程序错误，这个编程术语指的是软件运行过程中因为程序本身有错误而造成功能不正常、死机、数据丢失以及异常中断等现象。有些程序错误还会造成计算机安全隐患（称为漏洞）。bug 一词的由来还有一个故事。1947 年 9 月 9 日，有一次 Mark II 突然宕机，整个团队都不清楚原因。经过仔细探查，格蕾丝·霍普找到了原因，罪魁祸首是一只意外飞入电脑内部而导致电脑出故障的"飞蛾"，就这样，格蕾丝也成为了发现计算机 bug 的第一人。找到原因之后，团队很快便排除了错误并在日志本中记录下了这一个历史性的事件。

但也许有个地方可以改进一下。当用户尚未做出猜测时，`guessedLetters` 是个空的列表，对吧？代码循环浏览 `gameWord` 的每一个字母，并检查各个字母是否在空的列表中，但显然，列表里什么都没有，所以字母肯定都不在列表中。

如果 `guessedLetters` 列表为空，屏蔽代码就有用，但循环和 `if` 语句测试就派不上什么用场了。最终结果肯定是被完全屏蔽的 `displayWord`，对吧？

所以，当游戏刚开始，用户还没有猜测时，不妨直接跳过整个 `for` 循环，直接创建被完全屏蔽的 `displayWord`。这样的话，代码会更干净（而程序员总是希望代码尽可能地干净、简短）。

这很简单。第 3 章提到过，3*5 和 "3"*5 不一样。前者返回 15（3 乘以 5），后者返回 "33333"（5 个 3）。当时，我们并不需要重复的字符串，但现在需要了。

以下是一些测试代码：

```
maskChar = "_"
gameWord = "hello"
displayWord = maskChar * 5

print(displayWord)
```

保存并测试代码。显示出来的 `displayWord` 是由 5 个下画线字符组成的。

`maskChar` 指定了用作屏蔽字符的字符，这里用的是下画线，可以把它改成任何想要的字符。但最好不要用字母！

这个词是 `hello`，它有 5 个字母长，所以我们用 `maskChar * 5` 来创建一个有这个长度的屏蔽字符串。

这看似可行，但不是所有 `gameWord` 都是 5 个字母长。`displayWord` 的屏蔽字符必须和 `gameWord` 的长度保持一致，对吧？没关系，可以用 `len()` 来获取 `gameWord` 的长度。以下是更新后的代码：

```
maskChar = "_"
gameWord = "hello"
displayWord = maskChar * len(gameWord)

print(displayWord)
```

用输出进行调试

这里，我们利用临时 print() 语句对代码进行了调试。这些语句让我们能够管中窥豹，了解代码的意图。这是一种非常流行的调试方式，自程序员初次接触编程以来，这种方式就一直被广泛使用。前面提到的调试工具是另一种调试方式，它允许程序员在程序执行时查看每一行代码和变量值。

测试代码。试着将 gameWord 改为不同长度的单词。也可以尝试使用不同的屏蔽字符。在我们要其放入最终的应用程序之前，首先确保代码能如期工作。

小结

本章中，我们规划了游戏的玩法机制，并对特定组件进行了单元测试。在下一章中，我们将正式开始制作游戏。

第 9 章

猜单词游戏

在第 8 章中，我们规划了如何制作猜单词游戏。现在，按照计划开始制作游戏吧。

游戏时间

我们已经理解了猜单词游戏的机制，并计划和测试了各个独立的代码段。现在，可以把一切组装到一起了。

新建一个名为 Hangman.py 的文件。代码如下所示（是的，这个程序比较长，有将近 100 行代码）。

小贴士

不必自己敲入所有代码　代码太多了，但如果想自己一行一行地敲入，当然也是可以的。但如果不想的话，可以扫描旁边的二维码，在本书网站找到代码，然后将其复制并粘贴到 VS Code 的 Hangman.py 文件中。

```python
# Imports
import random

# Variables
maxLives = 7          # Maximum allowed tries
maskChar = "_"        # Mask character
livesUsed = 0         # Try counter
guessedLetters = []   # List to store guesses

#Game words
gameWords = ["anvil", "boutique", "cookie", "fluff",
             "jazz", "pneumonia", "sleigh", "society",
             "topaz", "tsunami", "yummy", "zombie"]

# Pick the word for the game
gameWord = random.choice(gameWords)

# Start the display with a fully masked word
displayWord = maskChar * len(gameWord)

# Actual game starts here
# Loop until guessed word correctly or out of lives
while gameWord != displayWord and livesUsed < maxLives:

    # First display the masked word
print(displayWord)
```

```python
    # Next we need to display any letters already guessed
    # Lists don't display nicely, so let's create a string
    # Are there any guessed letters?
    if len(guessedLetters) > 0:
        # There are, start with an empty string
        youTried=""
        # Add each guessed letter
        for letter in guessedLetters:
            youTried += letter
        # Display them
        print("You tried:", youTried)

    # Display remaining lives
    print (maxLives-livesUsed, "tries left")

    # A little space to make it more readable
print()

    # Get a guess
    currGuess = input("Guess a letter: ").strip().lower()
    # Make sure it's just one character
    if len(currGuess) > 1:
        currGuess = currGuess[0]

    # Don't allow repeated guess
    if currGuess in guessedLetters:
        print("You already guessed", currGuess)
    else:
        # This is a new guess, save to guessed letter list
        guessedLetters.append(currGuess)
        # And sort the list
        guessedLetters.sort()
        # Update mask
        # Start with an empty string
        displayWord = ""
        # Loop through word
        for letter in gameWord:
            # Has this letter been guessed?
            if letter in guessedLetters:
                # This one has been guessed so add it
                displayWord += letter
            else:
                # This one has not been been guessed so mask it
                displayWord += maskChar
```

```
        # Is it a correct guess?
        if currGuess in gameWord:
            # Correct answer
            print ("Correct")
        else:
            # Incorrect answer
            print ("Nope")
            # One more life used
            livesUsed += 1

    # A little space to make it more readable
print()

# Game play is finished, display results
if displayWord == gameWord:
    # If won
    print ("You win,", gameWord, "is correct!")
else:
    # If lost
    print ("You lose, the answer was:", gameWord)
```

是的，代码可真不少（我可是提醒过大家哦！）。

保存代码并运行。屏蔽后的单词显示了单词中有多少个字母。程序会提示还有多少次尝试的机会。我们可以输入猜测的字母，并且每次都会被告知是猜对了还是猜错了。

多玩几次这个游戏，看看赢了会怎样以及输了又会怎样。

游戏运行机制

玩过几遍游戏之后，就可以更仔细地研究代码了。幸运的是，我们已经研究过其中的大部分内容。不过，咱们还是一起把几个主要的部分捋一遍吧。

游戏程序首先导入 random 库：

```
# Imports
import random
```

接着，创建一堆变量：

```
# Variables
maxLives = 7          # Maximum allowed tries
```

```
maskChar = "_"        # Mask character
livesUsed = 0         # Try counter
guessedLetters = []   # List to store guesses
```

maxLives 存储的是（游戏结束前）还有几条命（错误猜测）。maskChar 的作用我们已经很清楚了。livesUsed 记录玩家猜错了多少次，我们将其初始化为 0。guessedLetters 是一个存储用户输入的列表。

小贴士

　　用注释来解释变量的用途　我们在这段代码的每个变量旁都加了注释。这是个好习惯，因为当我们（或其他人）将来需要回过头来看这段代码时，注释会很有帮助。

新名词

　　语法（syntax）　在英语中，语法指的是组合单词和短语来构成完整句子时要遵守的规则。编程语言中的语法也有着类似的含义：使用语言元素时要遵守的规则。

接下来是计算机可以选择的单词。我们用的是如下这些颇有难度的单词。请根据自己的需要添加或删除列表中的一些词：

```
#Game words
gameWords = ["anvil", "boutique", "cookie", "fluff",
             "jazz", "pneumonia", "sleigh", "society",
             "topaz", "tsunami", "yummy", "zombie"]
```

然后，程序随机从这些词中挑选一个单词并将其保存在 gameWord 变量中。同样，我们已经知道了这是如何工作的：

```
# Pick the word for the game
gameWord = random.choice(gameWords)
```

正如上一章中计划的那样，代码记住了要猜测的单词的两个版本。gameWord 变量存储的是完整的单词，而 displayWord 变量存储的是向用户展示的单词（根据情况屏蔽字母）。

多行列表

到目前为止，我们所创建的所有列表都是单行的。这里的 gameWords 分布在多行中，更易于阅读。Python 允许这样做，因为它不是用换行符来标记列表开始和结束的。正如你所知，Python 用的是方括号 [ ]。只要每个列表项用逗号隔开，并且所有列表项都在方括号 [ ] 之中，列表就能正常工作。

jazz 这个词很难被猜出来

知道吗？jazz 这个词被认为是这个游戏中最难猜中的词，所以这就是为什么我把它列入了列表中（此处响起得意的坏笑声）。

在游戏过程中，随着用户给出各种猜测，被屏蔽的单词显然需要得到更新。使用第 8 章中创建的优化代码，在游戏刚开始时，单词中的每个字母都会被屏蔽，如下所示：

```
# Start the display with a fully masked word
displayWord = maskChar * len(gameWord)
```

maskChar * len(gameWord) 创建了一串和 gameWord 的字母数一致的屏蔽字符，正如之前计划的那样。

定义以下循环后，游戏就式开始：

```
while gameWord != displayWord and livesUsed < maxLives:
```

只要两个条件都为 True，while 循环就会确保游戏继续进行。这两个条件分别是单词没有被猜出来，以及玩家还有尝试的机会。这两个条件是用 and 来连接的，因此任一条件一旦变为 False（单词被成功猜出来或是命被用光了），循环就结束。

在缩进的代码中，程序首先使用前面编写（并修正）完毕的代码对显示进行屏蔽。

在每次循环迭代中，首先要做的事是显示屏蔽后的单词。一开始完全屏蔽，随着用户猜对的字母越来越多，屏蔽会逐一解除：

```
# First display the masked word
print(displayWord)
```

玩家需要知道已经猜过哪些字母。以下 if 语句会检查玩家是否给出过任何猜测：

```
if len(guessedLetters) > 0:
```

如果有，就串接起来，并按照之前计划和测试过的那样显示。

接下来，我们用简单的减法告诉玩家还剩下几条命：

```
 # Display remaining lives
 print (maxLives-livesUsed, "tries left")
```

然后，程序提示用户进行猜测，并将输入限制为一个字符。

接下来，需要检查用户是否曾经猜过这个字母，这可以通过以下 **if** 语句来完成：

```
 if currGuess in guessedLetters:
```

如果玩家以前做过同样的猜测，程序会告诉他们。如果没有的话，这个猜测就会被添加到 **guessedLetters** 列表中，并依计划对列表进行排序：

```
 # This is a new guess, save to guessed letter list
 guessedLetters.append(currGuess)
 # And sort the list
 guessedLetters.sort()
```

guessedLetters 中有了一个新的字母后，屏蔽的 **displayWord** 必须更新。我们在第 8 章中彻底测试过这段代码，所以确定它是有效的。

游戏主循环以下面这段代码收尾：

```
 # Is it a correct guess?
 if currGuess in gameWord:
     # Correct answer
     print ("Correct")
 else:
     # Incorrect answer
     print ("Nope")
     # One more life used
     livesUsed += 1
```

这段代码使用 **if** 语句来检查用户猜测的字母是否在 **gameWord** 中。如果是，就打印 **Correct**。如果不是，就打印 **Nope**，并通过 **livesUsed+=1** 这行代码来增加已消耗多少条命的计数器。为什么需要这样做呢？是因为 **while** 循环依靠这个计数器来确定玩家是否耗尽了机会，并在机会用尽时结束游戏。

内联 if 语句

如你所知，程序员喜欢紧凑的代码，越简洁明了，越好。

考虑到这一点，我们可以优化一下代码。请看下面的代码：

```
for letter in gameWord:
    # Has this letter been guessed?
    if letter in guessedLetters:
```

```
            # This one has been guessed so add it
            displayWord += letter
    else:
            # This one has not been been guessed so mask it
            displayWord += maskChar
```

这段代码对 gameWord 中的每一个字母进行循环，在每一次迭代中，if 语句首先都会检查这个字母是否已存在于 guessedLetters 列表中。然后，根据 if 语句得出的结果，字母或是屏蔽字符会被添加到 displayWord 中。

现在来看下面的代码。它的作用和 if 语句完全相同，只是被整合为一行：

```
# Add letter or mask as needed
displayWord += letter if letter in guessedLetters else maskChar
```

这段代码可以这样理解：向 displayWord 中添加一些内容。添加什么呢？如果 letter 不在 guessedLetters 中，就添加 letter。如果在，就添加 maskChar。这个版本用仅仅一行的内联代码替换了四行的 if 语句块，这就是称其为"内联 if 语句"的原因。如果愿意的话，可以随意使用这个版本的代码。

但这里有一个建议：想用这样的内联 if 语句的话，最好先用普通的多行 if 语句块对代码进行测试。确定它可以如期工作后，可以将其缩写为内联 if 语句。这么做的话，代码测试更简单。

程序以这段代码收尾：

```
# Game play is finished, display results
if displayWord == gameWord:
    # If won
    print ("You win,", gameWord, "is correct!")
else:
    # If lost
    print ("You lose, the answer was:", gameWord)
```

这段代码在 while 循环之外，因此只在游戏结束时才执行。

程序运行到这段代码时，意味着玩家的输赢已见分晓了。如何知道用户到底是输了还是赢了呢？如果 displayWord 中还有被屏蔽的字母，就意味着 displayWord 和 gameWord 不一致，那么就显示"You lose"（你输了）这样的消息。如果 displayWord 和 gameWord 匹配（也就是被字母屏蔽），那么就说明用户赢了，于是显示 You win 这样的消息。

代码可真不少！一口气写完并测试这些代码会非常麻烦。但我们制定了计划，把任务分解成了一个个小的步骤，并事先编写且测试了关键的组件。这样一来，游戏第一次就能完美运行了。程序员就是这样编程的！

挑战 9.1

仔细想想，会发现这段代码对用户输入的处理很糟糕。为啥这么说呢？现在，用户输入过多字符时，我们会忽略其他字符，只使用其中的第一个字符。这没什么问题。但如果用户没有输入任何字符呢？这个情况可不曾预料到！糟糕了！

不用担心，这就是程序员会更新升级到 2.0 版的原因（或 1.1 版，你懂的）。那么，请试着更新代码，让它能捕捉到所有无效的输入长度（无论太长还是太短）。这可以通过下面的 `while` 循环来实现：

```
currGuess = ""
while len(currGuess) != 1:
```

挑战 9.2

这个挑战很有意思。游戏当前是这样显示余下还有几条命的：

```
# Display remaining lives
print (maxLives-livesUsed, "tries left")
```

试着替换这段代码，改为显示上吊的小人怎么样？可以用 | 和 / 这种简单的字符来画小人和绞架。举个例子，下面这段代码会在游戏开始且用户还没有猜错的时候打印绞架的图像：

```
print(" |---------")
print(" |  /      |")
print(" |/        |")
print(" |")
print(" |")
print(" |")
print(" |")
print(" |")
print(" |")
print("---")
```

以它作为起点，为每次猜测错误创建对应的图像吧。可能需要用 `if` 语句来决定显示什么图像。

这里有个小提示。仔细排列 `print()` 和 `if` 语句的话，就不必为每个不同的剩余生命数创建不同图像。可以先绘制好完整的图像，然后根据剩余生命数改变每行显示的内容。

　　还要注意，反斜杠字符 \ 是 Python 中的一个特殊字符。如果想将反斜杠\用作小人身体的一部分，就要输入 \\ 作为替代（输入两个反斜杠，不过 Python 只显示一个）。

转义字符

　　想为字符串添加一个制表符的话，可以像以下代码那样输入 \t，Python 明白这意味着要添加一个制表符：

```
# Print with a tab
print("Hello\tcoders!")
```

这将显示带有制表符的文本，如下所示：

```
Hello    coders!
```

另一个可以使用的特殊字符是 \n，它的作用是插入一个换行符：

```
# Print on two lines
print("Hello\ncoders!")
```

输出结果如下所示：

```
Hello
coders!
```

也可以使用这种方法在字符串中插入引号（输入 \'）和双引号（输入 \"）。

这些都称为转义字符（escape character），都以反斜杠开头。

既然反斜杠字符 \ 是用来创建 Python 转义字符的，那怎样才能显示一个反斜杠呢？

答案是为反斜杠使用一个特殊的转义字符，也就是前面提到过的两个反斜杠 \\。

小结

　　在本章中，我们实现了第 8 章中规划的所有代码，并创建了一个相当复杂的应用程序。而且，更重要的是，我们探索了程序员计划和构建应用程序的方式。在下一章中，我们将有机会进一步尝试。

第 10 章

休息一下，动动脑子

　　这一章将稍作休息，没有新知识或新代码，而是介绍一些应用程序的点子，供大家尝试。嘿嘿，我说的是"休息"，可不是"放假"！

生日倒计时

我们都喜欢过生日（直到成年……那之后就不那么喜欢过生日了）。试着写一个程序，计算距离自己的下一个生日还有多少天吧。

我不打算直接给出代码，而是先帮助大家理解这个问题该如何解决，然后再给出一些提示和指南。

程序的需求

一如既往，我们首先来确定程序的需求。虽然这个程序的需求不多，但我们最好还是先把它们列出来：

- 需要当前日期
- 需要下一个生日的日期

很简单，是吧！

程序的流程

接下来要做的是定义程序的流程，也就是程序以什么顺序做什么事。这个程序的流程很简单：

- 获取生日（不是出生日期，而是下一个生日的日期）
- 获取当天日期
- 用简单的算术计算这两个日期之间有多少天

虽然不可以作弊，但是……

写这个程序（或本章中的任何程序）没有什么唯一的正确答案。你应该创建自己的解决方案。

但如果需要帮助，或者想查看各个问题的一种解法的话，可以扫描旁边的二维码，在本书英文版网站上找到我的解决方案。

一些提示

还记得吗？想使用日期的话，需要先导入 datetime 库。

那么，怎样才能获取今天的日期呢？回顾一下第 3 章我们是怎么做的：

```
today=datetime.datetime.now()
```

在这个例子中，today 成为了 **datetime** 类的一个变量。

那怎么用自己的日期创建自己的 **datetime** 变量呢？可以这么做：

```
piday=datetime.datetime(2022, 3, 14)
```

把年、月、日作为参数传入 **datetime** 类，让它创建变量。

可以用 **print(piday)** 来验证这行代码是否有效。

需要注意的是，这里我们对日期进行了硬编码。作为替换，可以让用户输入年、月、日并传入包含这些值的变量，像下面这样：

```
birthday=datetime.datetime(yy, mm, dd)
```

那怎么计算日期之间相差的天数呢？Python 让这个问题变得非常简单。假设有 **today**（包含当天日期）和 **birthday**（包含下一个生日的日期）这两个变量，用简单的算术就可以计算二者之间相差的天数，像下面这样：

```
daysUntilBirthday = birthday - today
```

初始化日期

如你所见，创建 datetime 变量时，要把年、月、日传给它。这些值是不可或缺的。没有年、月、日的日期显然是不合法的。

如果需要具体时间的话，也可以选择传递小时、分钟和秒。如果不传递时间值的话，小时、分钟和秒都将默认是 0（也就是午夜 12 点）。

挑战 10.1

想让这个问题变得更有趣吗？那就要求用户提供年、月、日或硬编码这些值可以使得算术变得更简单。但用户其实只需要输入月和日，然后让程序计算年份就可以了。如果现在还没到生日那天，那下一个生日就在今年。如果今年的生日已经过了，下一个生日就在明年。

试着更新代码，让用户输入月和日，然后用算术来计算年份。

小费计算器

我们最喜欢的餐厅提供了很好的服务，值得我们多给些小费。计算小费金额涉及一些简单的数学知识。因为有些人讨厌数学（他们是怎么了？），一些餐厅会把小费金额印在账单上。这是最简单的方法，然而简单是留给懦夫的，机智如我们这样的程序员，可不屑于这么做。

所以，接下来要创建的应用程序用来根据账单金额和小费百分比来计算小费金额。

程序的需求

一如既往，先从确定需求开始。

- 显然，需要账单的金额。
- 还需要小费百分比。想把百分比硬编码成 15%、18% 或 20% 吗？还是让用户决定给多少百分比的小费？两种方式都可以选择，但需要提前确定好。

需求只有这么多，剩下的就是一些简单的计算。

程序的流程

程序流程分为以下几步。

- 首先需要获取账单金额。同时还需确保用户输入了有效的数字（否则数学运算会变得很难看）。
- 如果需要的话，让用户输入小费的百分比。
- 有了账单金额后，就可以进行计算了。其实可以直接在 `print()` 语句中进行计算，但为了确保数字正确，最好将它保存到变量中。
- 最后，把所有信息打印出来。

一些提示

最好一步一步地建立这个程序。首先，用硬编码的变量值进行测试，如下所示：

```
billAmount = 53.76
tipPercent = 18.5
```

最好把计算结果保存到变量中，如下所示：

```
tipAmount = billAmount / 100 * tipPercent
total = billAmount + tipAmount
```

print() 输出这些值，确认数字是否正确。

然后，添加显示结果的 print() 语句。可能需要显示账单金额、小费金额和总额。

确定代码能如期工作后，就可以添加 input() 语句来让用户输入账单金额和小费百分比了。还要确保用户输入了有效数字。这至少需要用到 if 语句，还有可能需要用到循环（如果想在用户输入有效数字值之前不断进行提示的话）。

挑战 10.2

想让这个程序更有趣吗？不妨试着添加下面这些功能。

- 让用户给服务打分，并根据分数选择小费的百分比。举例来说，15% 的小费表示服务一般，20%（或以上）表示服务优秀，10%（或更少，甚至可能是 0%）表示服务很差劲。

- 另一个功能是帮助用户实现 AA 制付款。问他们一共有多少个人，然后计算出每个人需要付多少钱。

密码生成器

我们经常需要设置密码，设置大量的密码。而且，password123 这样的密码并不安全。自己的姓名拼音作为密码也不安全。宠物的名字、自己的生日或任何带有连续数字的密码也都不安全。

你的安全意识很强，总是用 4E@:3x&12)PLsx 这样非常安全的密码，对吗？但每次都要为新建密码而绞尽脑汁，实在是太痛苦了。因此，像所有机智的程序员一样，我们要尝试着写一个密码生成器。

程序的需求

还是那句老话，首先确定程序的需求。

- 用户应该能够指定密码长度。

- 密码应该包含什么类型的字符？所有的密码都包含字母。让用户指定是否使用大写和小写字母呢？还是默认使用两种字母呢？这两个选择都是可行的，但作为计划的一部分，需要现在就确定下来。

- 应该问用户是否想让密码包含数字。
- 还应该问用户是否想要包含特殊字符（如 & 和 ^）。

世界上最糟并且最常用的密码

知道世界上最常用的密码是哪几个吗？很不幸，是下面这几个密码：

- 123456（超过 2500 万个网站的用户都使用了这个密码！）
- 123456789
- qwerty
- password
- 1234567

怎么会这样呢？

程序的流程

现在，我们来定义程序的流程。

- 启动时显示欢迎和各种说明。
- 让用户回答一系列问题，确定他们想要什么样的密码（长度和字符类型）。
- 创建一个空字符串的密码。
- 根据需要的密码长度循环数次，每次生成一个随机字母（或者数字或符号）并将其添加到密码字符串中。
- 完成后，向用户展示新生成的密码。

简单吧？这些事情我们之前都做过。

一些提示

我们知道怎样从一个字符串中随机挑选一个字母，并且已经像下面这样做过很多次了：

```
letter=random.choice("ABCDEFGHIJKLMNOPQRSTUVWXYZ")
```

是时候介绍一个非常有用的捷径了。string 库是 Python 自带的。它包含处理字符串时常用的一些东西，还定义了可供使用的常量，类似于变量，但常量不能改变，它们是只读的。

新术语

常量（constant） 常量是永远不能被程序改变的值（不像变量，如你所知，变量可以根据需要而改变）。一些常量，比如这里使用的常量，是内置在 Python 中的。需要的话，也可以自己创建常量。

举个例子，请输入下面这段代码（用测试文件）：

```
import string
print(string.ascii_uppercase)
```

这段代码导入了 string 库（就像导入 random 库和 datetime 库那样）。然后打印了 string.ascii_uppercase。这是什么呢？ascii_uppercase 是 string 库中的一个常量，包含从 A 到 Z 的所有大写字母。

另一个常量是 ascii_letters，它包含从 A 到 Z 的所有大写和小写字母。想要随机挑选并显示一个字母的话，可以使用以下代码：

```
import string
import random

letter=random.choice(string.ascii_letters)

print(letter)
```

还有哪些常量呢？在 VS Code 中，键入 string. 并稍等片刻，会看到如下所示的弹窗，其中列出了所有的常量：

其中比较实用的如下表所示。

变星名称	说明
ascii_letters	从 A 到 Z 的所有字母，大写和小写都有。实际上是 ascii_lowercase 和 ascii_uppercase 的拼接
ascii_lowercase	从 a 到 z 的所有小写字母
ascii_uppercase	从 A 到 Z 的所有大写字母
digits	从 0 到 9 的所有数字
punctuation	所有标点符号：!"#$%&'()*+,-./:;<=>?@[\]^_'{|}~

并不是一定得用这些常量，但既然 Python 提供了，而且还能派上用场，不妨尝试着用用看。

至于如何将字母逐一添加到一个字符串中，虽然之前已经讲解过，不过这里还是再提示一下：

```
myString = "abc"
myString += "def"
print(myString)
```

可以用 += 将新内容添加到字符串中。在这个例子中，字符串一开始是 abc，然后加上了 def。

print() 会显示什么结果呢？答案是 abcdef。

挑战 10.3

小心，这次的挑战很有难度，但我对你很有信心。

遇到过对密码有要求的网站吗？那些要求类似于"密码的长度必须至少 8 个字符，并且至少包含 1 个数字和 1 个特殊字符"。

那么，假设用户想在密码中加入大写字母、小写字母、数字和特殊字符。很简单，我们只需要随机挑选一些字符来创建密码就可以了，对吗？

实际上，从所有选项中随机挑选字符时，我们无法确保其中一定包含数字或特殊字符。密码中甚至可能不包含字母，只包含数字或特殊字符。

在理想情况下，如果用户希望密码中包含数字，我们就要确保密码中至少有一个数字。特殊字符也是这个道理。

那么，怎样修改代码才能达到这个目的呢？

想看看我的解决方案吗？

　　提醒一下，若是想要知道我是如何解决这三个挑战的，请扫描旁边的二维码，访问本书英文版网站，好好看看。

小结

　　若想成为一名了不起的程序员，就需要刻意练习，编程，编程，再编程。没有任何捷径可以走。写的代码越多，技能就越娴熟。[①]因此，本章提供了三个应用程序的思路，供大家自行构建。这些程序并不难，而且用目前所学到的知识就足够了。

　　到这里，本书的第 Ⅰ 部分就宣告完结了。恭喜！在第 Ⅱ 部分和第Ⅲ部分中，我们将换一种方式。我们将不再开发许多小程序，而是要在各个部分开发一个完整且全面的程序，大家准备好了吗？

---

① 译注：这让人联想到一万小时定律。西蒙和蔡斯的研究结果发现，虽然工作记忆容量差异不大，但在摆盘和复盘等实验上，训练有素的国际象棋大师明显领先于一级棋手和新手，三组实验对象可以记忆的棋局组块分别是 7.7，5.7 与 5.3。西蒙在这篇经典论文中首次提出专长技能习得的 10 年定律（10 years rule）。根据他的推测，国际象棋大师能够在长期记忆系统中存储 5 万 ~10 万个棋局，这大概需要 10 年的时间。1976 年，瑞典心理学家艾利克森移民美国后，参考西蒙这篇论文的 10 年定律，两人联手深耕这个领域，再次合作发表论文。此后，继续扩展领域，积累到更多的证据。1993 年发表的论文中，对一个音乐学院的三组学生（明星组、专业组和普通组）进行了对比研究，结果显示，到 20 岁时，三组学生的练习时间分别为超过 1 万小时、8000 小时和 4000 小时。埃里克森随后也出版了《刻意练习》一书。再后来，一万小时定律通过格拉德威尔的《异类》得到了更广泛的传播。西蒙 1980 年访华时，取中文名"司马贺"。他是一名美国著名学者、计算机科学家和心理学家，研究领域涉及认知心理学、计算机科学、公共行政、经济学、管理学和科学哲学等多个方向。他是 1975 年图灵奖得主，1978 年诺贝尔经济学奖得主，1994 年当选为中国科学院外籍院士。

第 II 部分

Python 认真玩：文字冒险类游戏

第 11 章

自己动手写函数

欢迎来到第 II 部分。在这个部分中，我们将制作一个复古风格的文字冒险游戏。在这个过程中，我们会学到很多能用来创建大应用程序的新技术。但首先，我们要重温函数，这次要学习如何自己动手写函数。

重温函数

我们知道什么是函数，并且已经了解并使用了很多函数，比如 input()、print()、int()、now()、upper() 和 choice() 等。

函数是由三个部分组成的，如下表所示。

部分	描述	是否必需	示例
函数名	独特的函数名	是	一个例子是 print()。要想使用该函数时，是通过其名称来调用的。函数名称后面一定要有括号。这是必须要有的
参数	一个或更多传入函数的值	否	如果有这样一行代码：print("Hello", firstName)，那么 print() 就被传入了两个参数：一个包含 "Hello" 文本的字符串和一个名为 firstName 的变量。并非所有函数都接受参数。如你所见，print() 和 input() 接受参数，但 upper() 和 now() 就不接受
返回	返回给函数调用方的值	否	一个已经用过许多次的例子是 input() 函数，它提示用户输入一些内容，然后将其返回。firstName=input("What is your name?") 会获取用户输入的值，然后该值被返回并被保存到变量中（这里是 firstName 变量）。有些函数会返回结果，有些函数则不会，比如 print()

请记住这些知识。书中经常提到函数名、参数和返回值，不要把它们记混了。

方法就是函数

正如第 4 章中提到的那样，类中的函数称为方法。因此，严格来说，now() 不是函数，而是 datetime 类中的一个方法。但方法确实是函数，所以为了简单起见，我会直接称之为函数。请记住，创建函数的规则和最佳实践也同样适用于方法。

参数和返回值

另一种看待参数和返回值的方式是，参数进入函数中，返回值从函数中出来。作为参数传递的东西，会进入函数进行处理。函数执行完之后传回代码的是返回值。

参数进去，返回值出来。

用 Python 来编写 Python

　　大多数 Python 内置库本身就是用 Python 来写的。而且，几乎所有第三方 Python 库也都是用 Python 写出来的。

　　但也有例外，本书第 II 部分将详细说明。

自己动手写函数

　　目前为止，我们用过的所有函数都是 Python 内置的。有些是直接可用的，有些则需要先导入库。但所有函数都是 Python 的一部分，随时可用。

　　和其他每种编程语言一样，Python 允许我们自己创建用户定义函数。而且，这些函数是用 Python 写出来的！没错，用 Python 函数来创建 Python 函数！

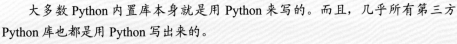

　新术语

　　　用户定义的函数（user-defined function）　用户定义的函数（或称 UDF）就是由用户（也就是我们）程序员定义的函数。

创建一个函数

　　那么，怎样创建自己的函数呢？从一个简单（而且不是很有用）的例子开始讲起。新建一个文件，命名为 Func1.py，然后输入以下代码：

```
def sayHello():
    print("Hello")

sayHello()
```

　　保存并运行。它将显示 **Hello**。是的，我说过这是个不太有用的程序。但是稍等一下，它很快就会变好，我保证。

　　那么，这段代码起到了什么作用呢？我们先来看底部的代码：

```
sayHello()
```

　　这行代码调用一个 **sayHello()** 函数。就像调用 **print()** 或 **input()** 一样，调用函数时，只需要指定其名称，然后加上一对括号。

但在 Python 中并没有 **sayHello()** 函数。**sayHello()** 函数被调用时，执行的是什么代码呢？答案是，在同一个文件中新建的函数 **sayHello()**，如下所示：

```
def sayHello():
    print("Hello")
```

在 Python 中，可以用后面跟着函数名称的 **def**（定义的英文缩写）语句定义一个函数。这里的函数名是 **sayHello**。

函数名后面是一对圆括号，也就是定义函数参数的地方。这里的括号是空的，因为 **sayHello()** 函数没有参数。即使函数不接受参数，也必须在名称后面加上括号。

与 **if** 语句和 **while** 语句一样，函数的定义以冒号结尾，并且，构成函数的代码要在函数定义语句下有缩进。

def 并不执行函数

需要注意的是，定义函数并不等同于执行函数。比如这两行代码：

```
def sayHello():
    print("Hello")
```

执行这段代码并不会显示任何内容。为什么呢？因为这只是定义了函数，并没有执行它。如果想使用自己定义的函数，就必须执行它。

在使用函数之前，必须先对它进行定义

在前面的简单例子中，我们用 **def** 定义 **sayHello()** 函数，然后调用了它。若是在 **def** 之前就调用 **sayHello()**，会怎样？好奇的话，你可以试试修改代码。会出现一条错误提示：

```
sayHello()
```

这意味着 Python 看到了对 **sayHello()** 的调用，但不知道该怎么处理。为什么呢？记住，Python 从最上面开始，逐行处理代码。如果在定义 **sayHello()** 函数之前就调用 **sayHello()**，那么 Python 根本不知道 **sayHello()** 是什么。

所以，在 Python 中，必须先定义函数，然后才能使用它。

顺带一提，这也是 **import** 语句总是要放在代码开头处的原因。导入一个库时，Python 会看到库中的所有函数，并在 **import** 语句处立刻定义它们。在 **import** 语句之后写下的任何代码都可以使用导入的这个库中的函数。

传递参数

sayHello() 函数不接受任何参数（也不返回任何值），所以说它没什么用处。

下面来创造一个更有趣的例子吧。请看以下代码：

```
multiply(12,8)
```

因为还没有名为 multiply() 的 Python 内置函数，所以现在还不能运行这段代码。
理想情况下，这段代码应该允许我们将任意两个数字传入名为 multiply() 的函数。
这个函数的作用是把传递给它的任意两个数字相乘，并且显示乘法算式和结果。

与不接受任何参数的 sayHello() 不同，multiply() 显然需要接受两个参数，
也就是要相乘的两个数字。

那么，multiply() 函数会是什么样子呢？以下是 Func2.py 文件中的代码：

```
# Function to multiply and print two numbers
def multiply(n1, n2):
    print(n1, "x", n2, "=", n1*n2)

# Test the function
multiply(12, 8)
```

保存并运行该代码。它将显示结果 12 x 8 = 96。除非更改了数字，这么做当然
是可以的。实际上，可以尽情尝试各种不同的数字并运行代码。

这个函数的定义有些不同：

```
def multiply(n1, n2):
```

创建了一个名为 multiply 的函数，并通过在圆括号中列出所需要的参数来表明
multiply() 将接受两个参数。(n1, n2) 表示这个函数接受两个参数，还新建了两个
变量，分别名为 n1 和 n2，用来保存作为参数传递的任意值。

在测试代码中，我们把 12 和 8 作为参数传给了 multiply()。Python 将第一个
参数（值 12）放入第一个变量，也就是 n1；第二个参数（8）放入第二个变量，也就
是 n2。

在 multiply() 函数中，可以像使用其他变量一样使用这些变量。因此，下面这
行代码：

```
    print(n1, "x", n2, "=", n1*n2)
```

打印两个传入的参数和二者相乘的算式。传入 12 和 8 的情况下，这行代码就变成了
print(12, "x", 8, "=", 12*8)，就像前面那样。

参数名称

参数的命名规则与第 2 章中介绍的变量命名规则相同。

参数是默认需要的

如果在没有参数的情况下调用 multiply()，会怎样？或者，就这个例子而言，传递一个参数或者三个参数时，会怎样？

没有传递正确数量的参数的话，Python 将抛出一个错误（就像之前向内置函数传递错误的参数时那样），因为 multiply() 中定义的两个参数是必须要有的。

不过，可以创建可选的参数。以后的章节会提到这方面的例子。

理解如何传递和使用参数非常重要，所以再来尝试一个例子。以下是 Func3.py 文件中包含的代码（像我这样，要用自己的名字来替换最后一行中的 Ben）：

```
# Function to display text within a border
def displayWelcome(txt):
    borderChar = "*"                      # Border character
    print(borderChar * (len(txt) + 4))    # Top line
    print(borderChar, txt, borderChar)    # Middle line
    print(borderChar * (len(txt) + 4))    # Bottom line

# Test it
displayWelcome("Welcome, O Great Coder Ben!")
```

保存并运行代码。它将显示类似下面这样的内容：

```
*****************************
* Welcome, O Great Coder Ben! *
*****************************
```

那么，这段代码是如何工作的呢？我们定义了一个名为 displayWelcome() 的函数，它接受一个 txt 参数。

当该函数被调用时，整个字符串（双引号之间的所有内容）就会被传递给 displayWelcome() 函数，并被存储在 txt 变量中。

displayWelcome() 函数非常简单，首先新建一个变量，命名为 border Char，其中包含要用作文本边框的字符。这里用的是一个星号，但也可以把它改为任何你喜欢的字符。

第一条 print() 语句打印的是顶部边框。需要为顶部边框打印多少个字符？视情况而定。这三行的长度必须完全相同，而长度取决于传入的文本有多长。中间一行显

示由边框和空格包围的文字。如果文本是 Shmuel（6 个字符长），中间一行就会是 *
Shmuel *（10 个字符长）。这意味着所有行都必须正好比传入的文本多 4 个字符。因此，
为了显示正确数量的边框字符，可以像下面这样：

```
print(borderChar * (len(txt) + 4))
```

　　len(txt) 返回文本的长度。(len(txt) + 4) 返回传入文本的长度再加上 4。
正如前文所讲的那样，用一个字符乘以一个数字会返回一串重复的字符。如果文本是
Shmuel，这条 print() 语句将返回结果 **********（10 个边框字符）。

　　第二条 print() 语句显示的是中间那行，它由边框字符、空格、文本、空格和边
框字符组成，和刚才说的一样。

　　第三条 print() 语句是底部边框，与顶部边框相同。

参数是局部的

　　displayWelcome() 函数中，有一个名为 txt 的变量。这个变量是由函数创
建的，它包含了参数值，因此，传递给函数的任意内容，都会存储在 txt 中。

　　这个变量很特别，因为它只存在于 displayWelcome() 函数中。这种类型
的变量称为局部变量，而局部指的就是创建它的函数。

　　这意味着什么呢？在代码的末尾处加上 print(txt)，试试看吧。

　　运行代码后，会看到一条错误信息显示 txt is not defined（txt 未被定
义）。这是因为在 displayWelcome() 函数之外的地方，txt 变量确实没有被定义。
它在函数的开头处被创建，然后在函数执行完毕后被销毁。

　　这个函数被再次调用时，一个新的局部变量 txt 将被创建（可能有不同的值），
txt 变量持续存在，直到函数执行完。

　　这一切都是 Python 自动完成的，在需要时创建变量，用完后就销毁。

返回值

　　学习了创建函数以及向它传递参数的方法后，最后要探索如何从函数中返回值。

　　函数可以返回值。想一想 input() 函数，它与用户进行交互，然后将用户输入
的内容作为结果返回。upper() 返回一个字符串的大写版本。now() 返回当前日期和
时间。

　　自己创建的函数也经常需要返回值，这可以通过 return 语句来完成。

下面来看一个非常实用的例子。知道下面这行代码有什么作用吗？

```
num=input("Enter a number: ")
```

这段代码要求用户输入一个数字，然后将他们输入的数字存入名为 num 的变量中。

但如果用户输入的是 abc（这绝对不是数字），也还是会被保存在 num 变量中。这可不好。

下面这个版本的代码就要好得多：

```
num=inputNumber("Enter a number: ")
```

这里调用的是名为 inputNumber() 的函数，而不是 input() 函数。与接受任何类型文本的 input() 不同，inputNumber() 很聪明，它会确保用户输入的是数字。很酷吧！

嗯，前提是 inputNumber() 函数真的存在。然而不幸的是，它并不存在。

不过，我们可以自己创建这个函数。Func4.py 的代码如下所示：

```python
# Numeric input function
def inputNumber(prompt):
    # Input variable
    inp = ""
    # Loop until variable is a valid number
    while not inp.isnumeric():
        # Prompt for input
        inp = input(prompt).strip()
    # Return the number
    return int(inp)

# Get a number
num=inputNumber("Enter a number: ")
# Display it
print(num)
```

保存并运行代码。它将提示用户输入数字，然后显示这个数字。如果输入的不是数字，它就会反复要求输入数字，直到用户真的输入数字为止。

最后两行代码很容易理解。inputNumber() 的工作方式与 input() 相同，它接受提示并返回一个值。这里，值保存到名为 num 的变量中，然后打印出来。

真正神奇的是 inputNumber() 函数本身。先从定义它的过程开始：

```python
# Numeric input function
def inputNumber(prompt):
```

和 input() 一样，inputNumber() 接受一个提示（也就是显示给用户的文本）并将提示作为参数传递。

接下来，代码定义了一个用于存储用户输入的变量：

```
# Input variable
inp = ""
```

然后是循环中的实际提示：

```
# Loop until variable is a valid number
while not inp.isnumeric():
    # Prompt for input
    inp = input(prompt).strip()
```

这段代码看上去并不陌生。它使用了一个带有条件的 while 循环，条件确保循环会一直循环下去，直到 inp 是数字。

实际的 input() 就是本书一直在用的那个。input() 会显示什么文本作为提示呢？答案是任何作为参数传递给 inputNumber() 的内容。prompt 是一个传递变量。我们把它传入用户定义函数 inputNumber()，后者则把它传入内置函数 input()。

新术语

传递（passthrough）　指的是一个变量被传递给一个函数，然后该函数原封不动地将其直接传递下去。

循环一直持续，直到用户输入了数字为止，和前面出现的 while 语句一样。

然后是函数定义中的最后一行代码。

```
# Return the number
return int(inp)
```

return 指定从一个函数中返回的值。return inp 会将用户输入的内容作为一个字符串返回。这里利用 int(inp) 将输入的数字字符串变成实际的数字，并返回这个数字。

完美！

现在，值得注意的是，程序需要数字输入时，可以随时挪用所有这些代码（和我们之前做的有些像）。但更好的做法是创建函数来做这件事。为什么这么说呢？

- 首先，会使代码更加简洁。用 inputNumber() 替换 input() 后，程序也能如期运行，并且看上去更简洁。
- 这种函数可以干净利落地隔离开。其中的变量都是局部的。因为函数有自己的作用域，所以覆写同名变量的情况几乎不可能发生。这样的代码更安全，并且降低了意外破坏代码的风险。

- 这种函数是可复用的。只需一次性编写并测试好函数，之后就可以随时使用了。如此一来，可以节省时间。
- 最重要的是，这种函数更容易维护。需要修复错误或是增加功能时，只需对函数本身进行修改，然后所有用到该函数的代码都能从中受益。

> **新术语**
>
> **作用域（scope）**　如前所述，传入函数的参数会创建局部变量，也就是只存在于函数中的变量。
>
> 事实上，这不仅适用于参数，也适用于所有变量。我们在 input Number() 中创建的 inp 变量就只存在于该函数执行期间。
>
> 这称为作用域，代表着一个变量的可见性。具有局部作用域的变量只能在它所处的函数中被看到。而且，没错，还有其他类型的作用域，以后的章节将详细介绍。

挑战 11.1

超级英雄经常到处跑，他们需要用英里或千米来测量行程。如下所示，创建两个函数。

- miles2km() 接受以英里为单位的距离并返回以公里为单位的距离。
- km2miles() 则相反，它接受以公里为单位的距离，并返回以英里为单位的距离。

编写这两个函数都只需要两行代码。第一行是定义函数和参数的 def 语句，第二行则负责执行计算并返回结果。

1 英里等于 1.6 公里，1 公里等于 0.6 英里（为了简单起见，这些数字都进行了四舍五入）。

小结

在本章中，我们学会了动手创建函数以及如何传递参数和返回结果。在接下来的每一章中，我们需要自己动手创建函数。

第 12 章

游戏探索

学会创建自己的函数后，我们已经准备好开始制作游戏了。

从现在开始，我们做事的方法将稍作改变。在第 I 部分中，我们创建了许多小程序，每个都是单独的 .py 文件。这对新手入门而言很不错，但现在，我们是专家了，应该像专家那样工作。在本书的这一部分（以及第 III 部分）中，我们将只构建一个应用程序，一个更大型、更全面的应用程序。这个应用程序将由多个文件组成，并且，我们将逐章为其增添各种功能。

那么，接下来要创建什么呢？在本部分中，我们要做一个基本款的复古风文字冒险类游戏。

游戏概念

我们已经学会了如何创建函数以及接受参数和返回值的方法。现在，是时候着手制作游戏了。

大多数现代游戏都具有令人惊叹的图形和动画、声效、视频，以及用控制器、触摸和动作来实现的复杂互动。游戏一开始并不是这样的。最早的计算机游戏只有文字：用户用文字输入想做的事情，计算机用文字进行回应。

本书的第Ⅲ部分将研究一个基于图形的游戏。而这部分将全面复古，创建一个文字冒险游戏。

游戏的舞台是太空中的某处。游戏开始时，玩家失去记忆并陷入了困境，试图了解自己身处何处。我们将首先构建一个非常简单的游戏结构，然后在接下来的章节中逐步增加功能和复杂性。

文字冒险游戏

世界上第一个文字冒险游戏名为《巨洞冒险》[①]，诞生于 1976 年。这是一款纯文字游戏，它的开头是这样的：

> YOU ARE STANDING AT THE END OF A ROAD BEFORE A SMALL BRICK BUILDING. AROUND YOU IS A FOREST. A SMALL STREAM FLOWS OUT OF THE BUILDING AND DOWN A GULLY.

---

① 译注：万维网出现后的第 12 个年头，程序员威廉·克罗塞，一个探险家和攀岩爱好者，将自己对洞穴探险的热情与当时刚发布的桌面角色扮演游戏《龙与地下城》的概念相结合，决定编写一个在计算机上模拟洞穴探险的程序。为了增加趣味性，他在洞穴中增加了宝藏和（与玩家对战的）怪物，于是就有了战斗和物品系统。故事情节的发展由游戏主持人和玩家们的对话来推动，玩家使用文本命令这种方式来与通过输出文本来回应玩家的程序展开"对话"。回应玩家命令的文本生成系统，就相当于程序模拟出来的"电子地下城主"，负责描述玩家当前所处的地点和状况、玩家执行某一行动之后的结果以及非玩家角色的行动，充当的是玩家与游戏中虚拟世界进行交互的中介。游戏没有任何图像和声音，全部通过文字来传达。1976 年，当时在斯坦福大学念研究生的唐纳德·伍兹发现了这款游戏。伍兹非常欣赏这款游戏的创意，但同时又觉得游戏中的内容太少，bug 过多，于是就写邮件给克罗塞，提出想要开发这个游戏的新版本。所谓天下无难事，只怕有心人，尽管克罗塞并没有在游戏作者信息中留下自己的邮箱，而只是说"有问题请与克罗塞联系"。在这样的情况下，伍兹穷尽所有电子邮箱服务器域名，代入 crowther@xxx 中的 xxx，群发了邮件。值得欣慰的是，尽管收到的错误信息邮件不少，最终还是联系到了已经跳槽的克罗塞。克罗塞将程序源代码发给伍兹，伍兹承诺将新版本发回给克罗塞。就这样，两个素不相识的人开始了合作。伍兹以托尔金（《魔戒》三部曲的作者）的高度幻想为重点对《冒险》进行扩展，建立了一种新的以探索和基于清单的解谜为基础的游戏类型并在 1976 年发布了新版本，获得了很大的成功。制作过《国王密使》等游戏的传奇游戏制作人威廉斯夫妇（Ken Williams 和 Roberta Williams）制作了《巨洞冒险 3D》，预计将于 2022 年秋季在 PC 与 VR（Meta Quest 2）平台上发售。

（你站在道路尽头的一栋小型砖砌建筑物前，周围是一片森林。一条小溪从建筑物中涓涓流出，顺着山沟蜿蜒而下。）

然后，玩家输入自己想做什么——比如"观察"或"向东走"——游戏将回应以更多文本。为了取得胜利，玩家需要找到物品、解决谜题，等等。

一年后，Infocom 公司发行了《魔域》（灵感来源于《巨洞冒险》）。《魔域》是第一款商业化的文字游戏，很受欢迎，以至于成为了一个有 10 部作品的系列。没错，续作可不是什么新鲜事！Infocom 后来又推出了几款续作，还推出了另外几十款文字冒险游戏，包括《银河系漫游指南》（我碰巧也超级喜欢）。

计算机有了显示图形和图像的能力后，文字冒险游戏就过时了。但它们还是很好玩，而且，创造游戏的过程更好玩。

我正在引导你起步

需要指出的是，接下来要做的这款游戏非常简单，玩家几分钟就可以通关。但有了在本部分中（以及通过完成挑战）学到的知识，你就拥有了完善这个游戏（或是自己创建全新游戏）需要用到的一切工具和技能。而且，在本部分的结尾，我将给出进一步改善游戏的思路，便于你真正掌握游戏制作。

故事开头

在为构思游戏的故事而苦恼的话，可以扫描旁边的二维码，访问本书英文版网页。我写了几个（特意没有写完）故事的开头，可以将其作为一个起点。

> **小贴士**
>
> 　　**编写自己的游戏**　我真心希望你能编写自己的游戏，而不只是复制我的。如果能帮上忙的话，可以把我的故事当作起点。但要是能自己撰写故事情节的话，更好（也更有趣）。

文字冒险游戏通常有一系列地点，每个地点都有一些描述和玩家可以做的事。

因此，首先是找到如何显示地点，以及如何提示玩家他们可以做什么。幸运的是，我们知道怎样做到这两点，对吧？

游戏的结构

在开始编写代码之前，先来看看游戏的结构。

游戏是在函数的基础上构建的。每个地点都是一个函数。现在的函数只负责显示文本，但很快会增加更多的函数。

游戏开始时，我们用 doWelcome() 函数来显示欢迎信息：

```
# Welcome the player
def doWelcome():
    # Display text
    print("Welcome adventurer!")
    print("You wake in a daze, recalling nothing useful.")
    print("Stumbling you reach for the door, it opens in anticipation.")
    print("You step outside. Nothing is familiar.")
    print("The landscape is dusty, vast, tinged red, barren.")
    print("You notice that you are wearing a spacesuit. Huh?")
```

可以看到，这里有很多条简单的 print() 语句。当代码调用 doWelcome() 时，所有这些 print() 语句将被执行，然后，文本显示在终端窗口中。

真正的游戏过程开始于下面这个名为 doStart() 的函数：

```
# Location: Start
def doStart():
    # Display text
    print("You look around. Red dust, a pile of boulders, more dust.")
    print("There's an odd octagon shaped structure in front of you.")
    print("You hear beeping nearby. It stopped. No, it didn't.")
```

同样，这个函数也很简单（就目前来讲），没有参数，也没有返回值。代码只是在用我们已经非常熟悉的 print() 函数来显示文本。

下面是另一个例子，显示玩家决定逃跑的话会怎样：

```
# Player ran
def doRun():
    # Display text
    print("You run, for a moment.")
    print("And then you are floating. Down down down.")
    print("You've fallen into a chasm, never to be seen again.")
    print("Not very brave, are you?")
```

同样是一个只包含 print() 语句的简单函数。

我们需要为游戏中的每个地点创建一个这样的函数。可以随心所欲地为这些函数起名。为了更有条理，我以 do 开头为每个函数命名，不过，你完全可以自由选择命名方式。

> **小贴士**
>
> **不要重复使用函数名称**　不要为不同函数起同样的名称。虽然这么做，Python 并不会报错，但第二个函数会覆写第一个函数，这很可能非我们所愿。重要提示：所有函数的名称都必须是独一无二的。

提示选项

　　游戏中的地点都是函数……很多很多的函数。代码将执行一个函数，显示文本，然后提示玩家输入接下来要做什么。玩家做出选择后，就继续执行另一个函数，显示文本，然后再提示用户输入要采取的行动，依此类推。

　　也就是说，我们需要显示选项并提示用户输入选择。

　　提示用户输入选择很简单，我们已经是这方面的专家了。可以在 put() 中使用 while 循环。例如，在游戏开始时，用户有几个选择。他们可以选择输入 P 查看巨石堆（pile of boulders），输入 S 查看建筑物（structure），输入 B 向哔哔响的源头走去，或是输入 R 逃跑。我们可以这么做：

```
# Prompt for user action
choice=" "
while not choice in "PSBR":
    print("You can:")
    print("P = Examine boulder pile")
    print("S = Go to the structure")
    print("B = Walk towards the beeping")
    print("R = Run!")
    choice=input("What do you want to do? [P/S/B/R]").strip().upper()
```

　　这段代码看上去很眼熟。它初始化了一个名为 choice 的变量，然后利用 while 循环来显示选项，并且只接受有效选项。while 循环的条件检查 choice 是否在允许的选项中（这里是 P、S、B 或 R）。

　　这很简单。但在用户做出选择后，我们怎样处理 choice 呢？

处理选项

前面的 while 循环只有在用户做出有效的选择后才会终止。用户做出选择后，我们只需要调用正确的函数，代码如下所示：

```python
# Perform action
if choice == 'P':
    doBoulders()
elif choice == 'S':
    doStructure()
elif choice == 'B':
    doBeeping()
elif choice == 'R':
    doRun()
```

这是一系列 if 语句和 elif 语句。我们根据用户的选择把他们送去对应的函数那里。

完整的 doStart() 函数如下所示：

```python
# Location: Start
def doStart():
    # Display text
    print("You look around. Red dust, a pile of boulders, more dust.")
    print("There's an odd octagon shaped structure in front of you.")
    print("You hear beeping nearby. It stopped. No, it didn't.")
    # Prompt for user action
    choice=" "
    while not choice in "PSBR":
        print("You can:")
        print("P = Examine boulder pile")
        print("S = Go to the structure")
        print("B = Walk towards the beeping")
        print("R = Run!")
        choice=input("What do you want to do? [P/S/B/R]").strip().upper()
    # Perform action
    if choice == 'P':
        doBoulders()
    elif choice == 'S':
        doStructure()
    elif choice == 'B':
        doBeeping()
    elif choice == 'R':
        doRun()
```

显示文本，显示可选项，提示用户进行输入，然后转到下一个，就这么简单。

创建工作文件夹

不同于前面创建的所有代码，文字冒险类游戏将由许多个文件组成。为了将它们放到一起，最好为这个项目单独新建一个文件夹。

打开 VS Code 的资源管理器面板，将鼠标移到 PYTHON 部分，可以看到顶部显示下面这样的工具栏：

第二个图标是新建文件夹图标。单击图标，按提示输入文件夹名称。输入 **Adventure** 并按下 Enter 键，为游戏新建一个文件夹。

> **更多线上代码**
>
> 就像前面提到的那样，无需自己输入所有这些代码。扫描旁边的二维码，即可在本书英文版网站中找到这个程序和其他程序的源代码。

新建代码文件时，确保已经单击了资源管理器面板中新建的文件夹。这样一来，就会在正确的文件夹中新建文件了。

> **小贴士**
>
> **多个工作文件夹**　创建多个工作文件夹可能比较好。这样一来，就可以用一个文件夹来存放示例代码，然后再用另一个文件夹来保存自己的游戏。

游戏时间

好了，理解游戏结构并创建了工作文件夹后，就可以开始编程了。将游戏的第一个文件命名为 Main.py（放在新建文件夹 Adventure 中）。以下是游戏的源代码：

```
###########################################
# Space Adventure
# by Ben & Shmuel
###########################################

# Welcome the player
```

```
def doWelcome():
    # Display text
    print("Welcome adventurer!")
    print("You wake in a daze, recalling nothing useful.")
    print("Stumbling you reach for the door, it opens in anticipation.")
    print("You step outside. Nothing is familiar.")
    print("The landscape is dusty, vast, tinged red, barren.")
    print("You notice that you are wearing a spacesuit. Huh?")

# Location: Start
def doStart():
    # Display text
    print("You look around. Red dust, a pile of boulders, more dust.")
    print("There's an odd octagon shaped structure in front of you.")
    print("You hear beeping nearby. It stopped. No, it didn't.")
    # Prompt for user action
    choice=" "
    while not choice in "PSBR":
        print("You can:")
        print("P = Examine boulder pile")
        print("S = Go to the structure")
        print("B = Walk towards the beeping")
        print("R = Run!")
        choice=input("What do you want to do? [P/S/B/R]").strip().upper()
    # Perform action
    if choice == 'P':
        doBoulders()
    elif choice == 'S':
        doStructure()
    elif choice == 'B':
        doBeeping()
    elif choice == 'R':
        doRun()

# Location: Boulders
# DEVELOPER NOTES FOR WHEN INVENTORY SYSTEM IS IMPLEMENTED
# This will be the location for the key
def doBoulders():
    # Display text
    print("Seriously? They are boulders.")
    print("Big, heavy, boring boulders.")
    # Go back to start
    doStart()
```

```python
# Location: Structure
def doStructure():
    # Display text
    print("You examine the the odd structure.")
    print("Eerily unearthly sounds seem to be coming from inside.")
    print("You see no doors or windows.")
    print("Well, that outline might be a door, good luck opening it.")
    print("And that beeping. Where is it coming from?")
    # Prompt for user action
    choice=" "
    while not choice in "SDBR":
        print("You can:")
        print("S = Back to start")
        print("D = Open the door")
        print("B = Walk towards the beeping")
        print("R = Run!")
        choice=input("What do you want to do? [S/D/B/R]").strip().upper()
    # Perform action
    if choice == 'S' :
        doStart()
    elif choice == 'D' :
        doStructureDoor()
    elif choice == 'B' :
        doBeeping()
    elif choice == 'R' :
        doRun()

# Location: Structure door
# DEVELOPER NOTES FOR WHEN INVENTORY SYSTEM IS IMPLEMENTED
# Unlock only when player has key
def doStructureDoor():
    # Display text
    print("The door appears to be locked.")
    print("You see a small circular hole. Is that the keyhole?")
    print("You move your hand towards it, it flashes blue and closes!")
    print("Well, that didn't work as planned.")
    # Prompt for user action
    choice=" "
    while not choice in "SR":
        print("You can:")
        print("S = Back to structure")
        print("R = Run!")
        choice=input("What do you want to do? [S/R]").strip().upper()
    # Perform action
```

```
    if choice == 'S':
        doStructure()
    elif choice == 'R':
        doRun()

# Location: Explore beeping
def doBeeping():
    pass

# Player ran
def doRun():
    # Display text
    print("You run, for a moment.")
    print("And then you are floating. Down down down.")
    print("You've fallen into a chasm, never to be seen again.")
    print("Not very brave, are you?")
    # Dead, game over
    gameOver()

# Game over
def gameOver():
    print("Game over!")

# Actual game starts here
# Display welcome message
doWelcome()
# Game start location
doStart()
```

这里有许多代码，但大部分代码的作用都是不言自明的。

代码首先定义很多函数。doWelcome()、doStart()、doStructure() 等都是游戏中的地点。正如前面解释过的那样，每个地点都有自己的函数。doWelcome() 用一系列 print() 函数来介绍游戏。doStart() 是游戏的起点，它显示一段文本并提示用户作出选择，然后将用户送往相应的函数。

定义函数时，程序并不会执行函数。使用 def 时，是在新建并命名一个函数供将来使用。但在实际调用它之前，Python 不会对这个新建的函数做任何事。因此，代码的结尾是下面这样的：

```
# Actual game starts here
# Display welcome message
doWelcome()
# Game start location
```

```
doStart()
```

所有函数都定义好之后，doWelcome() 语句就会调用 doWelcome() 函数，欢迎用户开始游戏，而 doStart() 则启动实际的游戏过程。

哦，对了，这里有一条新的语句值得注意。请看以下代码：

```
# Location: Explore beeping
def doBeeping():
    pass
```

pass 是做什么的？ Python 可不喜欢空的函数。用 def 创建函数后，它下面的代码必须要缩进。如果没有任何缩进的代码，Python 就会显示错误提示。pass 的作用是，嗯，没有作用。它是一个占位符。在实际开始编写函数代码之前，可以把它暂时放在代码中，这样 Python 就不会显示错误提示了。因此，在构建游戏的过程中，pass 是非常有用的（但在游戏完成后就没什么用了）。

测试

运行 Main.py 后，终端窗口中显示如下图所示的输出结果。

```
Welcome adventurer!
You wake in a daze, recalling nothing useful.
Stumbling you reach for the door, it opens in anticipation.
You step outside. Nothing is familiar.
The landscape is dusty, vast, tinged red, barren.
You notice that you are wearing a spacesuit. Huh?
You look around. Red dust, a pile of boulders, more dust.
There's an odd octagon shaped structure in front of you.
You hear beeping nearby. It stopped. No, it didn't.
You can:
P = Examine boulder pile
S = Go to the structure
B = Walk towards the beeping
R = Run!
What do you want to do? [P/S/B/R]
```

代码执行了显示欢迎信息的 doWelcome()，然后执行 doStart()，来显示初始地点和提示信息。

如果选择 S 进入建筑物，doStructure() 函数将被执行并在终端窗口中显示如下图所示的信息。

```
What do you want to do? [P/S/B/R]s
You examine the odd structure.
Eerily unearthly sounds seem to be coming from inside.
You see no doors or windows.
Well, that outline might be a door, good luck opening it.
And that beeping. Where is it coming from?
You can:
S = Back to start
D = Open the door
B = Walk towards the beeping
R = Run!
What do you want to do? [S/D/B/R]
```

其他选项同理。

doBoulders() 是一个值得重点关注的函数。它对应着一个未来会十分重要的地点（是玩家能在这里找到钥匙，嘘！），但现在它只显示文本，不提供任何选项。那么没有选项的话，游戏该如何进行呢？我们来看看代码：

```
# Location: Boulders
def doBoulders():
    # Display text
    print("Seriously? They are boulders.")
    print("Big, heavy, boring boulders.")
    # Go back to start
    doStart()
```

doBoulders() 显示文本，然后立刻执行 doStart()，将玩家送回起点。目前，这样就够了。我们稍后将为 doBoulders() 添加功能。

小贴士

可以停止执行　测试时，不需要运行整个程序，可以随时停止执行。这可以通过单击终端窗口右侧的垃圾桶图标来实现。这样即可终止终端会话，使程序停止运行。准备好之后，随时可以再次执行程序。

在输出中添加空行

运行游戏时，可以看到大量文本密密麻麻地挤在一起。通过在输出中添加空行，可以使文本看起来更有条理。只需添加一个下面这样的空的 print() 函数：

```
print()
```

额外的空行可以使文本更容易理解。

第 17 章将介绍如何为输出设置颜色来进一步改善可读性。

挑战 12.1

　　第 I 部分中的挑战是可以选择完成的，都是一些锦上添花的功能。但现在不一样。从现在开始，最好完成每一个挑战，因为之后的章节中，会以挑战为基础来制作一个完整的游戏。

　　好了，这次的挑战需要有耐心。本书第 II 部分中后续要做的一切都将在此基础上完成。

　　所以，在开始学习第 13 章之前，需要为游戏制订计划。注意，是计划，而不是代码，至少现在还不是。可以基于我的游戏来创建游戏，也可以基于我的故事（但说实话，我更希望你能有自己的想法）。确保至少有 10 个地点，当然，越多越好。还要有路径能使玩家从一个地点移到另一个地点。

　　仔细考虑清楚流程。并不是每个地点都能直接到达。用户可能必须到达一个地点之后才能去另一个地点。把地图画出来可能比较好（是的，画地图……老办法，就是用铅笔或钢笔在纸上画。我前面说过要走复古路线）。

　　制定好计划后，就可以开始写地点函数了。确保每个函数都有关联，并且每个函数都有选项。完全可以让用户在不同的地点转来转去。

　　然后测试代码。尝试每个选项，在不同地点间移动，确保一切都如期进行。

小结

　　在本章中，我们运用函数知识创建了文字冒险类游戏的基本结构。这个游戏还并不完整，玩家目前只能四处游荡。在本部分的其余章节中，我们将逐步为它添加更多的功能。

第 13 章

整理代码

在第 12 章中，我们创建了文字冒险类游戏的雏形。虽然尚不完整，但玩家已经可以启动游戏并通过选择进行移动了。这段代码能运行，但你可能已经想到了可以如何改进。这种不断改进的过程正是本章和下一章的主题。

优化代码

正如前面讨论过的那样，在开始编程之前，要先做好规划。计划是至关重要的，计划得越周全，真正写起代码来就越容易。但计划得再好，开始编程后，肯定也会发现代码中还有可以改进的地方。

都有哪些类型的改进呢？

- 把一些流程转移到其他地方，让代码更干净、更简单。
- 剔除重复的代码。
- 确定哪些功能可以从主代码中分离出来，供后期复用。
- 为简化程序或优化性能而改进特定的流程。

这只是许多改进中的一小部分。

随着时间的推移和经验的积累，程序员可以写出更好的代码。但实际上，即使是最有经验的程序员，也在不断想方设法地改进自己的代码。

现在举例说明，来看看第一种改进方案。怎样把一些流程转移到其他地方，让代码更干净、更简单呢？

Main.py 是游戏的主文件。可以看到，它是由许多函数组成的。但这些函数又是由什么组成的呢？从 doWelcome() 函数开始看吧：

```python
# Welcome the player
def doWelcome():
    # Display text
    print("Welcome adventurer!")
    print("You wake in a daze, recalling nothing useful.")
    print("Stumbling you reach for the door, it opens in anticipation.")
    print("You step outside. Nothing is familiar.")
    print("The landscape is dusty, vast, tinged red, barren.")
    print("You notice that you are wearing a spacesuit. Huh?")
```

注意到了吗？这个函数是由许多 print() 语句构成的，对吧？它包含大量的文本。

再来看看 doStart() 函数的前半部分：

```python
# Location: Start
def doStart():
    # Display text
    print("You look around. Red dust, a pile of boulders, more dust.")
    print("There's an odd octagon shaped structure in front of you.")
    print("You hear beeping nearby. It stopped. No, it didn't.")
```

也有很多 print() 语句和文本。doRun() 也如此：

```
# Player ran
def doRun():
    # Display text
    print("You run, for a moment.")
    print("And then you are floating. Down down down.")
    print("You've fallen into a chasm, never to be seen again.")
    print("Not very brave, are you?")
```

实际上，浏览 Main.py 中的所有代码，可以发现由 print() 函数显示的文本占据整个文件的绝大部分。

所有文本都在核心代码中。这会带来什么问题呢？考虑一下这些情况。

- 散布在各个函数中的故事文本很难维护。文本分散在各处的话，很难保持拼写和措辞的一致性。

- 加大了修改的难度。修改一个角色的名字或调整描述和形容词等，必须对多个地方进行修改，所以难免会漏掉一些。

- 假设游戏大受欢迎，所以你决定翻译和发行其他语言版本。这种情况下，逐段地翻译散落在各处的文本非常麻烦。

- 最重要的是，所有文本都很碍事。在需要把注意力集中在游戏功能上时，我们可不想费劲地在几百行文本中翻找代码。

出于以上原因和对更多因素的考虑，开发人员喜欢将文本外部化，也就是把文本从主代码中提取出来，放到另一个专门的文件中。

新术语

外部化（externalize） 这个词的意思是把一些内容从主程序中转移到一个容易管理和维护的外部文件中。

字符串外部化

字符串外部化是代码优化的重要一环，原因如前所述。如何实现呢？方法很多，一个简单的方法是将所有文本移到另一个文件中，并创建一个函数，使其在需要时返回相应的文本。

创建字符串文件

现在来将文本外部化吧，从 doWelcome() 函数开始：

```
# Welcome the player
def doWelcome():
    # Display text
    print("Welcome adventurer!")
    print("You wake in a daze, recalling nothing useful.")
    print("Stumbling you reach for the door, it opens in anticipation.")
    print("You step outside. Nothing is familiar.")
    print("The landscape is dusty, vast, tinged red, barren.")
    print("You notice that you are wearing a spacesuit. Huh?")
```

我们可以把它变成下面这样：

```
# Welcome the player
def doWelcome():
    # Display text
  ° print(functionThatGetsTheString())
```

很明显，这个 doWelcome() 函数无法执行，因为它调用了一个并不存在的函数。不过，概念上来讲，函数的结构就是这样的。我们可以用一条简单的 print() 语句调用一个函数，并打印出该函数返回的内容，而不是用大量 print() 语句硬编码文本。

顺便说一下，程序员在考虑各种想法时，经常会用这样的虚拟代码，也就是在开发过程中使用的假代码，程序员所说的伪代码。

> **新术语**
>
> 　　**伪代码（pseudocode）**　　伪代码就是假代码。它不是计算机可以理解的真正代码，而是供我们人类考虑如何写代码时阅读和理解的文本。

在 Adventure 文件夹中，新建一个文件，命名为 Strings.py。以下是 Strings.py 文件中的代码：

```
#########################################
# Strings.py
# Externalized strings
#########################################


def get(id):
```

```
if id == "Welcome":
    return ("Welcome adventurer!\n"
            "You wake in a daze, recalling nothing useful.\n"
            "Stumbling, you reach for the door, it opens in "
            "anticipation.\nYou step outside. Nothing is "
            "familiar.\nThe landscape is dusty, vast, tinged "
            "red, barren.\nYou notice that you are wearing "
            "a spacesuit. Huh?")
elif id == "Start":
    return ("You look around. Red dust, a pile of boulders, "
            "more dust.\nThere's an odd octagon shaped "
            "structure in front of you.\nYou hear beeping "
            "nearby. It stopped. No, it didn't.")
elif id == "Boulders":
    return ("Seriously? They are boulders.\n"
            "Big, heavy, boring boulders.")
elif id == "Structure":
    return ("You examine the the odd structure.\n"
            "Eerily unearthly sounds seem to be coming from "
            "inside.\nYou see no doors or windows.\nWell, that "
            "outline might be a door, good luck opening it.\n"
            "And that beeping. Where is it coming from?")
elif id == "StructureDoor":
    return ("The door appears to be locked.\nYou see a small "
            "circular hole. Is that the keyhole?")
elif id == "StructureDoorNoKey":
    return ("You move your hand towards it, it flashes blue "
            "and closes!\nWell, that didn't work as planned.")
elif id == "Run":
    return ("You run, for a moment.\n"
            "And then you are floating. Down down down.\n"
            "You've fallen into a chasm, never to be seen "
            "again.\nNot very brave, are you?")
elif id == "GameOver":
    return "Game over!"
else:
    return ""
```

这个文件中，只有一个函数，它是这样定义的：

```
def get(id):
```

get() 函数接受一个标识符（一个名为 id 的变量），所以在调用 get() 时，必须向它传递一个 id。

余下代码是一个大型的 **if**、**elif**、**else** 语句。它首先检查以下条件：

```
if id == "Welcome":
```

如果 **Welcome** 被传给 **get()**，那么这个条件将为 **True**，其下方的代码将被执行。这段代码的作用很简单，就是返回一个文本块：

```
return ("Welcome adventurer!\n"
        "You wake in a daze, recalling nothing useful.\n"
        "Stumbling, you reach for the door, it opens in "
        "anticipation.\nYou step outside. Nothing is "
        "familiar.\nThe landscape is dusty, vast, tinged "
        "red, barren.\nYou notice that you are wearing "
        "a spacesuit. Huh?")
```

其余 **elif** 语句的作用也一样：检查 **id** 并返回文本。

最后的 **else** 语句是为了安全而设置的：

```
else:
    return ""
```

无效的 **id** 被传递给 **get()** 时，该函数将返回一个空字符串。

get() 并不显示文本——因为其中没有 **print()**——而是简单地将其返回代码。由代码来决定如何处理这些文本，如果需要，代码确实可以打印文本到屏幕上。

如果该函数和 **get("Welcome")** 一起被调用，它将返回欢迎信息。其他任何字符串同理。想测试一下它是否能如期工作吗？把以下代码添加到 Strings.py 文件的结尾处：

```
print(get("Welcome"))
```

多行文本

关于多行文本，有两点需要注意。

首先，长文本块可以分为多行，只需要为每行文本加上一对引号即可。Python 将把这些文本看作一个长文本块。

第二，注意文本中间的 \n。它是换行符（前面讲过），负责在终端输出中强制换行。

运行这段代码后，和 **Welcome** 相关的测试就会被打印出来。**get("Welcome")** 返回文本，然后 **print()** 语句打印文本。

为了确保程序能如期运行，还可以试试其他 id。测试完毕后，记得删除用来做测试的 print()。

每次需要在游戏中增加新的文本块时，都可以在这个函数中添加新的文本。每个部分都有专属的 ID。用 id 调用 get()，即可返回对应的文本。

这里的 return 语句需要注意。大多数函数的末尾都有一条 return 语句。这里的每个字符串都有一个 return，而且每个 return 都会终止函数的处理，并返回结果。这样就不用把文本保存到变量中再返回了。但在 if 语句中，确实可以将文本保存到变量中并返回。无论哪种方式，都是可以的。

使用外部化字符串

那么，该怎样使用新文件 Strings.py 和 get() 函数呢？答案是将其作为库导入。没错，Strings.py 文件是一个 Python 库。

在 Main.py 的顶部添加以下内容：

```
# Imports
import Strings
```

谨慎为库命名

文件命名为 Strings.py，所以这个库命名为 Strings。还记得吗？Python 有个名为 String 的内置库。要是把文件命名为 String.py，就会覆写这个内置库，但 Strings.py 就没事儿。

字符串存储

前面，我们把显示字符串从核心代码中转移到了大型 if 语句中。这种做法适用于几十个、甚至几百个字符串。但程序员绝不会这样处理更大型的应用程序，而是会将文本存储到某种数据库中，并根据需要检索字符串。

从概念上来讲，使用数据库类似于使用 Python 文件。字符串被外部化，并根据需要进行检索。可以根据具体需要来选择存储方式。

为了使用 get() 函数，我们需要用函数调用替换硬编码的文本。从 doWeclome() 开始处理。删除所有 print() 语句，换为下面这段代码：

```
# Welcome the player
def doWelcome():
```

```
# Display text
    print(Strings.get("Welcome"))
```

Strings.get() 是 Strings.py 中的 get() 函数。因为这是 doWelcome() 函数，所以我们使用了 Strings.get("Welcome")，它让 get() 返回 Welcome 文本，如前所示。这段文本会被传递给 print()。

doWelcome() 现在只有一行代码。可以看到，代码显得更简洁了。

挑战 13.1

　　将应用程序中的所有字符串外部化。至少要把显示文本外部化。如果愿意的话，还可以把选项提示和任何其他显示文本都外部化。

小结

本章介绍了字符串外部化，这是一种整理代码的方法。现在，应用程序由两个文件组成。下一章将介绍另外一种重要的优化手段，同时为应用程序添加第三个文件。

第 14 章

减少，复用，回收，重构

在第 13 章中，我们从编写游戏的过程中抽身出来，对代码进行整理。在本章中，我们将继续这么做。

了解重构

第 13 章提到，我们需要不断寻找改进代码的方法。毕竟，代码永远不可能完美，总能进一步完善和优化。这就是为什么程序员经常花时间去重构代码。重构是改进代码功能的过程。重构代码，是在不改变代码作用的前提下，优化它的工作方式。

> **新术语**
>
> **重构**（refactoring） 重构是改善代码功能的过程。重构代码时，我们改变的是它的工作方式，而不是它的工作内容。
>
> 重构的重点在于，不是要增加功能或改动任何功能。重构并没有改变代码的功能，只是改变了它的工作方式。最好不要一次性修改太多地方，因为这么做增加了破坏程序的可能性，还会加大定位问题的难度。重构代码时，应用程序能做的事情应该和之前一样，这意味着我们更容易验证程序是否运行正常。

重构听起来可能很复杂，但你猜怎么着？我们实际已经做过代码重构了！前面的字符串外部化练习就是一个重构的例子。完成第 13 章后，我们的代码在功能上和第 12 章完成时的代码一模一样。代码的功能并没有改变，而是通过重组和改进，代码的工作方式发生了变化。这正是重构的意义。

那么就来继续重构吧。没错，这意味着完成这一章后，代码的功能仍然与第 12 章和第 13 章中的相同。功能相同，但是经过了重写，或者说经过了重构。

前面讨论过识别和剔除重复的代码。就像当时所说的那样，要尽可能避免重复出现的代码。写代码时，我们难免会发现一些重复的代码，要么一模一样，要么区别很小。剔除这些重复的代码是代码重构的关键。

识别重构机会

没有什么规定明确指出必须要重构哪些代码。如何优化代码以及优化什么代码，都由我们程序员自行决定。我们一起来看看下面的例子。

我们现在已经有了一个能运行的简单文字冒险游戏。我们创建了一系列地点，玩家可以在不同地点之间移动。

浏览代码，有没有看到任何重复的代码呢？有一个地方很明显是重复的。在每个地方，我们都需要做以下工作。

1. 向玩家展示一系列的选项。

2. 提示他们输入想做什么。

3. 确保他们做出有效的选择，如果他们没有这样做，就回到第 2 步。

虽然每个地点的具体选项有所不同，但流程是一样的。对比下面两个例子，代码来自第 11 章，你创作的故事可能有不同的选项。

接下来是 doStart() 函数：

```python
# Location: Start
def doStart():
    # Display text
    print(Strings.get("Start"))
    # Prompt for user action
    choice=" "
    while not choice in "PSBR":
        print("You can:")
        print("P = Examine boulder pile")
        print("S = Go to the structure")
        print("B = Walk towards the beeping")
        print("R = Run!")
        choice=input("What do you want to do? [P/S/B/R]").strip().upper()
    # Perform action
    if choice == 'P':
        doBoulders()
    elif choice == 'S':
        doStructure()
    elif choice == 'B':
        doBeeping()
    elif choice == 'R':
        doRun()
```

代码用 Strings.get() 函数来显示文本，然后显示选项并提示用户进行选择。

下面是 doStructure() 函数的一部分：

```python
# Location: Structure
def doStructure():
    # Display text
    print(Strings.get("Structure"))
    # Prompt for user action
    choice=" "
    while not choice in "SDBR":
        print("You can:")
        print("S = Back to start")
```

```
    print("D = Open the door")
    print("B = Walk towards the beeping")
    print("R = Run!")
    choice=input("What do you want to do? [S/D/B/R]").strip().upper()
```

比较这两段代码中的 # Prompt for user action（提示用户采取行动）部分的代码。显然，两者并非分毫不差，毕竟选项有所不同。但流程完全相同，对吧？

它们逐行打印选项，并在 while 循环中提示 input()。如果有 10 个、15 个或更多函数，那么程序中就会反复出现非常相似的代码。这显然是需要重构的。

创建用户选择组件

我们需要反复显示选项并提示用户进行选择。这部分流程需要重构。

可以简单创建一个函数来提示用户做出选择。实际上，我们可以重新利用这些代码，做一些下面这样简单的事情：

```
def startChoice():
    choice=" "
    while not choice in "PSBR":
        print("You can:")
        print("P = Examine boulder pile")
        print("S = Go to the structure")
        print("B = Walk towards the beeping")
        print("R = Run!")
        choice=input("What do you want to do? [P/S/B/R]").strip().upper()
    return choice
```

这样便新建了一个函数，命名为 startChoice()，其中很多代码都是从 doStart() 函数复制过来的。它显示选项，提示 input()，并确保输入是有效的。唯一不同的是最后一行 return choice，返回用户的选择。

利用以上函数，可以把 doStart() 函数改成下面这样：

```
# Location: Start
def doStart():
    # Display text
    print(Strings.get("Start"))
    # Get user choice
    choice=startChoice()
    # Perform action
    if choice == 'P' :
```

```
        doBoulders()
elif choice == 'S':
        doStructure()
elif choice == 'B':
        doBeeping()
elif choice == 'R':
        doRun()
```

这个版本的 doStart() 看起来简洁得多。它显示文本，得到选项，然后对该选项采取行动。所有提示和输入代码都被移出主函数，取而代之的是一行简明的代码：

```
choice=startChoice()
```

但这样真的更好了吗？是，代码更简洁了，但 startChoice() 函数只适用于 doStart()。由于每个地点函数都有不同的选项，所以需要为每个地点函数单独写一个函数，而所有这些函数的结构几乎是一样的。啊！又重复了！我们的目的明明是消除重复的代码啊！

其实，概念本身是合理的。把选择地点的代码移出地点函数是个好主意，但正确的实现方式并不是这样的。

设计可复用的组件

怎样才能在此基础上进行改进呢？可以创建一个通用函数：一个不会硬编码具体选项、能显示所有选项的函数。

新建的函数命名为 getUserChoice()。把可用的选项作为参数传给 getUserChoice()，然后，它就可以显示我们传递的任意选项，获得属于这些选项之一的选择，并将其返回。这样既可以从隔离选择代码中受益，又不需要用到大量函数。完美！

我们知道如何向函数传递参数，并且在第 11 章中已经这么做过了。那么，通用函数 getUserChoice() 的定义是怎样的呢？

可以试着像下面这样定义：

```
getUserChoice(letter, prompt):
```

这个函数将接受一个字母和要显示的文本，像这样：getUserChoice("R", "Run!")。该函数可以显示传入的字母和提示信息。

但这只适用于一个地点只有一个选项的情况。要是一个地点有两个选项，怎么办？这种情况下，我们可以添加更多参数，像下面这样：

```
def getUserChoice(letter1, prompt1, letter2, prompt2):
```

很好，这样就可以处理两个选项了。但要是其他地点有 3 个、5 个甚至 12 个选项呢？并且这样也不适用于只有一个选项的地点。传递的参数太少的话，函数会抛出错误。

我们需要更好、更灵活的方法来传递参数。有什么想法吗？

也许可以使用一个能根据需要存储任意数量选项的变量。

一个可以存储一系列值的变量？

知道这指的是什么吧？没错，就是列表。我们可以用列表啊！

我们可以像下面这样定义函数：

```
def getUserChoice(options):
```

然后将选项以列表的形式传递给它，像下面这样：

```
options=["E", "Explore", "R", "Run!"]
getUserChoice(options)
```

这样就可以根据需要传递任意数量的选项了。每个选项都需要向列表中添加两个条目。然后，代码可以循环浏览这个列表。在函数代码中，options[0] 将是第一个可以选择的字母，options[1] 将是与之匹配的提示；options[2] 将是下一个可以选择的字母，options[3] 将是与之匹配的提示；以此类推。

尽管这个解决方案其实已经非常好了，但我们还可以精益求精，让它变得更好。

第 6 章探讨了列表，还提到了可以创建列表的列表。是的，一个包含列表的列表。

讲解列表的列表的最佳方法是通过实例进行说明。创建一个名为 List7.py 的文件，最好把它放在 Python 文件的主文件夹中，因为它不是文字冒险游戏的一部分。以下是该文件的代码：

```
# Create a list of lists
options= [["P","Examine boulder pile"],
          ["S","Go to the structure"],
          ["B","Walk towards the beeping"],
          ["R","Run!"]]
# Some test prints
print(options)
print(len(options))
print(len(options[0]))
print(options[0])
print(options[1])
```

```
print(options[1][0])
print(options[1][1])
```

> **小贴士**
>
> 　　**列表中的换行**　可以利用换行把长列表（比如前面的列表），拆分成多行，使其更容易阅读。只要确保每行都以逗号结尾即可。

　　这个列表看起来很奇怪，稍后我会详细讨论这一点。现在，保存并运行，得到的输出如下图所示。

```
[['P', 'Examine boulder pile'], ['S', 'Go to the structure'], ['B', 'Walk towards the bee
ping'], ['R', 'Run!']]
4
2
['P', 'Examine boulder pile']
['S', 'Go to the structure']
S
Go to the structure
PS C:\Users\zz432\Documents\Python>
```

　　这里有很多东西需要消化，所以我们来看看代码。

　　下面这段代码的作用是什么？

```
print(options)
```

　　很简单，它的作用是显示整个列表。

　　那下面这行代码呢？

```
print(len(options))
```

　　options 是一个包含 4 个条目的列表，所以 len(options) 返回 4，代码打印 4。

　　还记得吗？列表是放在方括号内的，举例来说，[1,2,3] 是个包含三个条目的列表。这段代码创建了一个包含 4 个条目的列表。这是第一个条目：

```
["P","Examine boulder pile"]
```

　　分别用逗号隔开：

```
options= [["P","Examine boulder pile"],
          ["S","Go to the structure"],
          ["B","Walk towards the beeping"],
          ["R","Run!"]]
```

但这些都是列表！是的，每一项都是一个包含两个条目的列表，所以每一条目都包含在方括号内。

我知道这看起来有些怪，这就是要把它分成多行以便阅读的原因。列表的开头和结尾处分别都有两个方括号。这是因为第一个 [创建外层列表。第二个 [创建第一个内层列表。最后也是一样：第二个] 关闭外层列表，前面的] 则结束最后一个内层列表。

下图中的箭头应该有助于理解：

```
外层列表开始
options = [["P","Examine boulder pile"],   —— 第1个条目
           ["S","Go to the structure"],     —— 第2个条目
           ["B","Walk towards the beeping"], —— 第3个条目
           ["R","Run!"]]                     —— 第4个条目
外层列表结束
```

那么，如何访问单个列表项呢？

len() 和列表的列表

在前面的例子中，列表有多长？ len(options) 将返回 4，因为 options 列表中有 4 个条目。len(options[0]) 将返回 2，因为 options[0] 列表（和 options[1] 列表及 options[2] 列表一样）包含两个条目：字母和提示文本。

列表的列表的列表……

有列表，还有列表的列表。并且，没错，还可以创建列表的列表的列表。

在某些语言中，列表的列表称为二维数组，而列表的列表称为三维数组。我们甚至可以超越三维世界，走向更多维的空间！

我们知道可以用索引访问列表项。options[0] 返回列表中的第一个项目，对吧？所以这里它返回 options 中的第一项，也就是 ["P","Examine boulder pile"]。同样，options[1] 返回第二项，也就是列表中的 ["S", "Go to the structure"]。这些都可以在 print() 语句中看到。

那么，既然 options[1] 指的是整个第二个列表，怎样才能访问这个列表中的各个条目呢？答案是像下面这样：

```
print(options[1][0])
print(options[1][1])
```

第一条 print() 显示的是 1 号列表项中的 0 号列表项。options[1] 表示 options
列表中的 1 号列表项，options[1][0] 表示 options 中的 1 号列表项中的 0 号列表项。
第二条 print() 语句显示 1 号列表项中的 1 号列表项，也就是 Go to the Structure。

这是一种有趣而强大的列表使用方法，不过，可能一开始比较难以掌握语法。拿
List7.py 中的代码做实验，更改要打印的内容，尝试不同的选项，理解如何使用 [索引]
[索引] 语法。

使用列表的列表是向 getUserChoice() 函数传递选项的好方法。这种格式将让
添加选项（每个选项都是由两个条目——字母和提示信息——组成的列表）变得更简单。
它可以根据需要处理任意数量的选项，还使得 UDF 代码更加简洁。

此外，还有一个好处。我们知道，利用 append() 函数可以向列表中添加条目。
这有什么用呢？想象一下这样的场景：游戏提供三个选项。但如果用户有一个道具——
也许他们找到了一把钥匙——那么就要有第四个选项来打开一扇门。我们可以创建一
个基本选项列表，然后用 if 语句来检查用户有没有钥匙，如果有，就用 append()
来增加一个开门的选项。不错吧？

创建用户选项函数

好了，开始创建 getUserChoice() 函数吧。它将接受一个参数（格式化为列表的选
项），然后返回用户的选项。

这个函数在文字冒险游戏之外也能派上用场，所以把它放到单独的文件中。在
Adventure 文件夹中，新建一个名为 Utils.py 的文件。我们将在这个文件中创建各种实
用函数，从 getUserChoice() 开始。

代码如下所示：

```
###########################################
# Utils.py
# Utility functions
###########################################

# getUserChoice()
# Displays a list of options, prompts for an option, and returns it
# Pass it a list of lists in format [["Letter","Display Text"]]
# Example: [["A","Option A"],["B","Option B"],["C","Option C"]]
```

```
# Returns selected letter
def getUserChoice(options):
    # Create a variable to hold valid inputs
    validInputs=""
    # Loop through the options
    for opt in options:
        # Add this one to the valid letters list
        validInputs+=opt[0]
        # And display it
        print(opt[0], "-", opt[1])
    # Create the prompt
    prompt="What do you want to do? [" + validInputs + "]: "
    # Initialize variables
    choice=""
    done=False
    # Main loop
    while not done:
        # Get a single upper case character
        choice=input(prompt).strip().upper()
        # If the user entered more then 1 character
        if len(choice) > 1:
            # Just use the first
            choice=choice[0]
        # Do we have 1 valid input?
        if len(choice) == 1 and choice in validInputs:
            # We do, outa here!
            done = True
    # Return the selected option
    return choice
```

不能就这样直接测试这段代码。好吧，其实是可以的，但保存并运行代码之后，什么也不会发生。

嗯，这么说并不完全对。确实发生了一些事。代码运行时定义了一个函数。但仅此而已。虽然函数被定义了，但并没有被执行。没有执行的话，就意味着没有输出。

注释符号 ####

　　Utils.py 文件顶部的一行井号是做什么的呢？如你所知，# 表示要开始一行注释，# 之后的任何内容都会被 Python 忽略，所以文件开头处的语句块是一个大型注释。这些注释起着什么作用呢？程序员们喜欢在文件开头处注明一些相关信息，比如文件是什么，有什么作用，谁写的，等等。在注释上下加两行 # 只是想要突出显示注释。

想要测试这个函数的话，可以在函数下面添加一些文本代码，比如：

```
choices= [["A", "Option A"],
          ["B", "Option B"],
          ["X", "Option X"],
          ["3", "And a numeric one, just because"]]

choice = getUserChoice(choices)
print(choice)
```

现在，如果保存并测试代码的话，它将显示选项，提示输入，然后显示用户的选择。

那么，getUserChoice() 函数都做了些什么呢？

最前面的是几行注释，解释了函数的作用，向它传递什么，以及它返回什么。

函数的定义非常简单，它只接受一个参数：

```
def getUserChoice(options):
```

函数需要将用户的输入限制在有效选项的范围内。但什么是有效选项呢？这取决于传递给函数的内容。也就是说，负责检查有效选项的代码不能被硬编码，而是要建立一个有效选项集，用来验证用户输入。首先创建一个下面这样的空变量：

```
# Create a variable to hold valid inputs
validInputs=""
```

然后用 for 循环来循环所有的选项：

```
# Loop through the options
for opt in options:
```

在每次循环中，opt 都包含一个选项，也就是一个有两个条目的列表。opt[0] 包含字母，opt[1] 则包含提示文本。

循环中的代码会对每个选项做两件事：

```
# Add this one to the valid letters list
validInputs+=opt[0]
```

这行代码将字母添加到 validInputs 中。这个变量一开始是空的。使用上面的测试代码后，第一次迭代时 validInputs 是 A，第二次是 AB，然后是 ABX，最后是 ABX3。这些就是全部的有效输入了，后面的函数会用到这个变量。

然后，代码显示选项：

```
# And display it
print(opt[0], "-", opt[1])
```

测试代码中的第一个条目（第一个循环迭代）是 ["A", "Option A"] 列表。其中的 [0] 列表项是 A，[1] 列表项是 Option A。因此这条语句将打印出 A - Option A。

选项被显示出来后，就该用 input() 来提示用户作出选择了。我们想让 input() 的提示信息中显示可用的选项，而这些选项都在 validInputs 变量中。因此，需要以这种方式创建提示：

```
# Create the prompt
prompt="What do you want to do? [" + validInputs + "]: "
```

在本例中，这将创建一个名为 prompt 的变量，其中包含 What do you want to do? [ABX3]: 。

接下来是几个变量的初始化：

```
# Initialize variables
choice=""
done=
```

choice 存储用户的选择。done 是一个布尔值，只能是 True 或 False。现在我们把它设置成 False，当用户选择完之后，它会被设置为 True。

接下来是 input() 代码中的 while 循环，和前面出现的 while 循环大同小异：

```
# Main loop
while      done:
```

因为 done 被初始化为 False，所以这个 while 循环将持续运行，直到 done 变为 True。

顺带一提，这行代码也可以写成下面这样：

```
# Main loop
while done ==        :
```

最终的结果是一样的。但 while not done 看起来更加简洁，对吧？

while 循环的内容如下所示：

```
# Get a single upper case character
choice=input(prompt).strip().upper()
# If the user entered more then 1 character
if len(choice) > 1:
    # Just use the first
    choice=choice[0]
```

```
# Do we have 1 valid input?
if len(choice) == 1 and choice in validInputs:
    # We do, outa here!
    done = True
```

首先，这段代码用 input() 获得一个 choice。然后，去掉多余的空格，并将其转换为大写字母。

接着，它检查并确保用户只输入了一个字母。如果输入了一个以上的字母，那么 choice=choice[0] 就会把用户的选择替换为第一个字母，从而有效地忽略多余的字母。

最后，代码检查 choice 的长度，确认用户确实输入了内容，检查 choice 是否为无效输入。如果长度没问题，且 choice 是 validInputs 中的有效选择之一，那么代码就会把 done 设置为 True，然后让 while 停止循环。

用户做出有效选择后，函数将简单地返回 choice：

```
# Return the selected option
return choice
```

输入不同的选项来测试这个新建的函数。向列表中添加、编辑或删除一些条目，对各种组合进行测试，以确保函数能如期工作。

全部测试完成后，记得删除函数文件中的所有测试代码。

更新代码

现在，我们有了一个名为 Utils 的新文件，其中包含一个很棒的新函数 getUserChoice()，那怎样才能在文字冒险游戏中使用它呢？

目前，代码分散在三个文件中：Main.py 是游戏的主文件；Strings.py 处理外部字符串；Utils.py 包含 getUserChoice() 函数。为了让 Main.py 主文件中的代码能使用 Utils.py 中的函数，需要将 Utils.py 导入 Main.py，就像之前导入 Strings.py 那样。因此，Main.py 顶部的 import 语句现在应该是下面这样的：

```
# Imports
import Strings
import Utils
```

合并 import 语句

Python 允许我们在一行代码中导入多个库。因此，下面这行代码：

```
import Strings
import Utils
```

可以简化为以下形式：

```
import Strings, Utils
```

最终的结果一样，因此，可以选择使用自己喜欢的语法。

现在，可以修改函数来使用新建的函数 getUserChoice()。下面是 doStart() 函数更新后的版本：

```
# Location: Start
def doStart():
    # Display text
    print(Strings.get("Start"))
    # What can the player do?
    choices = [
        ["P", "Examine pile of boulders"],
        ["S", "Go to the structure"],
        ["B", "Walk towards the beeping"],
        ["R", "Run!"]
    ]
    # Prompt for user action
    choice = Utils.getUserChoice(choices)
    # Perform action
    if choice == 'P' :
        doBoulders()
    elif choice == 'S' :
        doStructure()
    elif choice == 'B' :
        doBeeping()
    elif choice == 'R' :
        doRun()
```

保存并运行代码。它的功能和之前的一模一样。记住，我们是在做重构。那么，哪里变了呢？

代码中的 **choices** 变量是一个定义了玩家所有可用选项的列表：

```
choices = [
    ["P", "Examine pile of boulders"],
    ["S", "Go to the structure"],
```

```
    ["B", "Walk towards the beeping"],
    ["R", "Run!"]
  ]
```

然后，我们用新建的函数 getUserChoice() 来实际获得选择：

```
# Prompt for user action
choice = Utils.getUserChoice(choices)
```

getUserChoice() 在 Utils 库中，所以要通过 Utils.getUserChoice() 来调用它。choices 列表以参数的形式传递。这个函数返回用户的选择，后者被保存到 choice 变量中。

doStart() 中的其余代码和之前相同。

那么，我们通过重构实现了哪些改进呢？

- 删去用户输入循环后，游戏的主代码变得更加简洁了。
- 现在有一个简练而灵活的方法来处理游戏过程中的各种选项了。
- 现在，用户选择输入是一个外部函数，它将在需要提示用户作出选择的地方被使用。想改变它的工作方式时（比如添加颜色，创建按钮，等等），只需要更新这个函数，然后它的每个使用实例都会随之更新。实际上，可以现在就试试看。getUserChoice() 函数中有这样一行代码：(opt[0], "-", opt[1])。这行代码用于显示每个选项。试着把 - 字符改成等号或者冒号，或者其他任何内容。这样一个小小的改动竟然可以使每个菜单选项能够得到更新，真的不错！

挑战 14.1

你应该能猜出本次挑战的内容：重构游戏。更新游戏中的每一个地点函数，以使用新建的函数 getUserChoice()。

挑战 14.2

在第 11 章中，我们新建了一个很棒的 inputNumber() 函数。它能够在游戏中大有作为，可以考虑把它复制到 Utils.py 文件中。

挑战 14.3

知道还能创建一个什么样的函数吗？我们经常需要让用户选择"是"或"否"。比如，"要拿起武器吗？"或"要放弃吗？"又或是"需要帮助吗？"

可以在代码中设置一个 while 循环，用 input() 来让用户选择 Y 或 N。但这里，我们要采用的是其他方法。使用 getUserChoice() 也可以，但那样就过于复杂了。

因此，在 Utils.py 中新建一个名为 inputYesNo() 的函数。可以这样调用：

```
pickUpGun=inputYesNo("Do you want to pick up the gun?")
```

inputYesNo() 将显示传入的文本，提示用户选择，然后返回一个结果。可以在 inputNumber() 的基础上新建这个函数。

小结

重构的关键在于循序渐进地改进代码。本章和第 13 章研究了几种重构方法：识别能够重构以便复用的代码以及外部化字符串。目前，应用程序是由多个文件组成的，在接下来的章节中，随着引入更多的功能，我们还需要新建更多的文件。

第 15 章

携带和使用物品

在第 13 章和第 14 章中，我们从编写游戏代码的过程中抽身而出，对代码进行了整理。在本章中，我们继续整理代码，这次的重点是如何携带和使用物品。

规划物品栏系统

在每个冒险游戏中，玩家都需要能获得和使用物品。举例来说，或许玩家需要收集硬币来购买故事中的物品。收集的这些硬币是物品，用硬币购买的东西也是物品。或许玩家遇到一扇上锁的门，只有找到特殊物品，比如一把钥匙，才能打开这扇门。物品可以是地图、食物、药水、武器，等等。

假设游戏中的建筑物有一扇紧闭的门，它现在还打不开。如果这时尝试开门的话，就会看到以下文本：

```
What do you want to do? [SDBR]: d
The door appears to be locked.
You see a small circular hole. Is that the keyhole?
You move your hand towards it, it flashes blue and closes!
Well, that didn't work as planned.
```

游戏并没有明确让玩家去找钥匙，而只是暗示，玩家这么做才能开门。

如果想要处理物品的话，就需要想办法在游戏过程中存储和访问它们，这就需要用到物品栏系统。

问题在于，怎样存储这些信息呢？或许可以创建一系列变量：

```
# Inventory
coins = 0
sonicKey = False
jetPack = False
food = 100
```

这样的话，当玩家得到硬币时，直接把它们添加到 coins 变量中就可以了。玩家找到钥匙（sonicKey）或喷气背包（jetPack）时，就把两者对应的变量设置为 True。食物一开始是 100，随着时间的推移而减少（从 food 变量中减去少的部分），除非用户找到更多的食物（在这种情况下，要把新增食物加到 food 变量中）。

这或许可行，但处理许多个独立变量并不是一个好的选择。我们无法轻松地循环处理它们，保存和恢复很麻烦，而且总是有意外覆盖变量的风险。

好吧，用列表可以吗？

```
# Inventory
inv = [0, False, False, 100]
```

这样的话，可以用 inv[0] 来指向硬币，用 inv[1] 指向钥匙。

嗯，这是行不通的。这样很容易无心引用错误的条目。列表很适合用来处理同一类事物的集合（比如动物，例如本书第 Ⅰ 部分所示）。对于不同类型的关联项目的集合，列表并不合适。

那么，到底应该怎么办呢？

创建字典

实际上，Python 有一种为这种情况量身定制的数据类型。与列表类似，字典也可以存储不同类型的多个值，但和列表不同的是，字典中的这些值是用名字来存储的。

举一个例子来说吧。新建一个文件，命名为 Dict1.py，最好把它存储在 Python 主文件夹而不是 Adventure 文件夹中。以下是代码：

```
pet = {
    "animal":"Iguana",
    "name":"Iggy",
    "food":"Veggies",
    "mealsPerDay":1
}
```

现在运行这段代码的话，是不会显示任何内容的。因此，在运行代码之前，还需要稍等片刻。

这段代码新建了一个名为 pet 的变量。可以看到，pet 的大括号 { } 中包含多个值。这些大括号告诉 Python 这是一个字典。

{ } 或 [ ]

不要把方括号和大括号混为一谈。pet = [ ] 用于创建列表，pet = { } 用于创建字典。

对了，pets = [{},{}] 用于创建字典列表！

字典中的每个条目都被定义成一个键 / 值对。键是条目的名称，它是一个用引号括起来的字符串。值可以是任何值，既可以是字符串和数字，正如前面的代码所示，也可以是列表或字典等。

pet 字典包含 4 个条目，可以通过在 Dict1.py 中添加以下代码进行验证：

```
print(len(pet))
```

保存并运行代码，打印 `len(pet)` 返回的值，也就是 4。

想要访问字典中的一个特定条目时，必须用它的键来指向它。举个例子：

```
pet= {
    "animal":"Iguana",
    "name":"Iggy",
    "food":"Veggies",
    "mealsPerDay":1
}

print(pet["name"], "the", pet["animal"])
print("eats", pet["mealsPerDay"], "times a day")
```

保存并运行这段更新后的代码。它会输出什么？

`pet["animal"]` 意味着获取 `animal` 键的值，也就是 Iguana。`pet["name"]` 意味着获取 `name` 键的值，也就是 `Iggy`，以此类推。

因此，终端窗口中将显示以下结果：

```
Iggy the Iguana
eats 1 times a day
```

使用字典

如你所见，字典完美适用于对种类不同但又有关联的信息进行分组。

update() 方法

可以通过分配新值来更新字典中的条目，像下面这样：

```
pet["mealsPerDay"] = 2
```

顺带一提，用 `update()` 函数也可以更新字典中的条目：

```
pet.update({"mealsPerDay": 2})
```

既然可以采用简单的赋值，还有什么必要使用 `update()` 呢？可以在需要一次更新多个键值对的时候再用 `update()`。

更新字典文件很容易。Dict2.py 文件中的代码如下所示：

```
pet= {
    "animal":"Iguana",
    "name":"Iggy",
    "food":"Veggies",
```

```
    "mealsPerDay":1
}

pet["mealsPerDay"] = 2

print(pet["name"], "eats", pet["mealsPerDay"], "meals")
```

这段代码显示创建了和之前相同的字典，随后更新了 `mealsPerDay` 字典中的条目。运行这段代码，它将显示结果 `Iggy eats 2 meals.`

下表所示的这些字典函数也很实用。

函数	描述
clear()	删除字典中的所有条目
copy()	制作字典的副本
keys()	返回字典中的所有键的列表
values()	返回字典中的所有值的列表

字典列表

新建一个文件，命名为 Dict3.py。下面是它的代码：

```
pets= [
    {
        "animal":"Iguana",
        "name":"Iggy","food":
        "Veggies","mealsPerDay":1
    },
    {
        "animal":"Goldfish",
        "name":"Goldy",
        "food":"Flakes",
        "mealsPerDay":3
    }
]

for pet in pets:
print(pet["animal"], "-", pet["name"])
```

保存并运行代码。它将显示以下输出结果：

```
Iguana - Iggy
Goldfish - Goldy
```

这段代码中的 pets 是什么呢？显然，它是个列表，因为它是用方括号定义的。但列表里有什么呢？有两个条目，每个条目都是用大括号定义的字典。

for 循环遍历 pets 列表，并且在每次迭代时，都会创建一个名为 pet 的字典变量，然后显示它的值。

物品栏系统

好了，我们已经学会了如何使用字典。没错，它正是用来构建物品栏系统的理想选择。我们可以像下面这样创建一个物品栏：

```
inv= {
    "StructureKey": False,
    "Coins": 0
}
```

这之后，举个例子，我们就可以检查 inv["StructureKey"]，查看玩家是否有钥匙并给出回应。而当用户找到钥匙后，将 inv["StructureKey"] 设置为 True 即可。

这是可以的，但我们可以通过提供包装函数来进一步加以改进。

新术语

包装函数（wrapper function）　　包装函数是为调用其他代码而存在的函数。它将代码包装起来，并因此而得名。

这是什么意思呢？请看下面的代码：

```
inv = {
    "StructureKey":False,
    "Coins":0
}

def takeStructureKey():
inv["StructureKey"] = True


def hasStructureKey():
    return inv["StructureKey"]
```

这段代码创建了 inv 字典和两个支持函数。玩家找到钥匙后，我们只需要调用 takeStructureKey() 将其添加到物品栏中即可。这么做会将 StructureKey 值设为 True。在用户持有钥匙的情况下，随时可以用 hasStructureKey() 来执行代码，像下面这样：

```
if hasStructureKey():
```

hasStructureKey() 返回 True 或 False，因此它在这种 if 语句中非常有用。

包装函数完全是可选的。毕竟，我们总是可以直接访问字典中的条目。但是，包装函数可以让代码更易于使用和阅读。

创建物品栏

是时候创建物品栏系统了。现在，其实只需要用到钥匙，但我们也会添加硬币的代码，提前为将来做好准备。

在 Adventure 文件夹中，新建一个名为 Inventory.py 的文件，代码如下：

```
##########################################
# Inventory.py
# Inventory system
##########################################

inv = {
    "StructureKey": False,
    "Coins": 0
}

# Add key to inventory
def takeStructureKey():
    inv["StructureKey"] = True

# Remove key from inventory
def dropStructureKey():
    inv["StructureKey"] = False

# Does the player have the key?
def hasStructureKey():
    return inv["StructureKey"]

# Add coins to inventory
def takeCoins(coins):
    inv["Coins"] += coins
```

```
# Remove coins from inventory
def dropCoins(coins):
    inv["Coins"] -= coins

# How many coins does the player have?
def numCoins():
    return inv["Coins"]
```

这段代码一开始先定义了物品栏字典，一个名为 inv 的变量。它包含两个条目：一个是记录玩家是否有钥匙的 StructureKey（我们将其初始化为 False），另一个是记录玩家有多少个硬币的 coin（初始化为 0）。

接着是包装函数。通常可以对每个物品做三件事：获取物品；丢弃物品；查看物品状态。因此，每个物品有三个包装函数，这里有两个物品，所以总共有 6 个包装函数。

用 True 或 False 判定的物品（比如钥匙）需要有一个获取物品的函数（将标记设为 True），一个丢弃物品的函数（将标记设为 False），还需要有办法检查玩家是否拥有该物品（返回标记即可）。

最常见的物品类型

物品栏中的条目显然不限于布尔型和整数型，但这两种类型是最常用的。这就是我为本例挑选两个条目的原因。这样的话，就可以将这段代码用作今后任何条目和包装函数的基础。

玩家可以多次积累的物品（比如硬币）需要一个函数来获取物品（数值增加）和丢弃物品（数值减少），以及返回物品数量的方法。

当需要为游戏添加额外物品时，只需要在字典中添加一个键值对，然后创建包装函数。

植入物品栏系统

有了物品栏系统，就可以考虑把它添加到代码中。应该怎么做呢？答案是再一次导入。修改 Main.py 文件，添加一条导入语句：

```
# Imports
import Strings
import Utils
import Inventory as inv
```

我来解释一下最后那条 import 语句。

还记得吗？执行库中的函数时，需要打出完全一致的函数名，像下面这样：

```
Inventory.takeStructureKey()
```

Inventory 这个名字固然不错，但它有点儿长，反复输入起来很麻烦，所以我们给它起了个"小名"：

```
import Inventory as inv
```

以上语句要求 Python 导入 Inventory 库，但要用 inv 这个简称来指代，比如：

```
inv.takeStructureKey()
```

这样是不是好多了？

使用物品栏系统

接下来要用到更多字符串，因此需要把它们添加到 Strings.py 的 get() 函数中。

描述建筑物大门以及在玩家没有钥匙时试图开门时显示的文本已经写好了。现在需要添加玩家想用钥匙开门时显示的文本。需要添加的 elif 语句如下所示：

```
elif id == "StructureDoor":
    return ("The door appears to be locked.\n"
            "You see a small circular hole. Is that the keyhole?")
```

现在，玩家怎样才能找到钥匙呢？（嗯，偷偷告诉你，钥匙藏在巨石堆（boulder）中）添加以下 elif 语句：

```
    elif id == "BouldersKey":
        return ("You look closer. Was that a blue flash?\n"
                "You reach between the boulders and find ...\n"
                "It looks like a key, it occasionally flashes blue.")
```

现在我们需要让玩家找到这把钥匙。目前这很简单：只要玩家选择前往巨石堆，就能直接找到钥匙。在下一章中，我们将在增加追踪进度的能力后加大寻找钥匙的难度。现在，更新后的 doBoulders() 函数像下面这样：

```
# Location: Boulders
def doBoulders():
    # Does the player have the key?
    if not inv.hasStructureKey():
        # No, display text
        print(Strings.get("BouldersKey"))
```

```
        # Add key to inventory
        inv.takeStructureKey()
    else:
        # Yes, so display regular boulder message
        print(Strings.get("Boulders"))
    # Go back to start
    doStart()
```

更新后的 doBoulders() 函数首先用包装函数 inv.hasStructureKey() 来检查玩家是否有钥匙。如果没有，就显示一段新的文本，告诉玩家他们找到了钥匙。然后，它用以下代码将钥匙添加到物品栏中：

```
# Add key to inventory
inv.takeStructureKey()
```

如果玩家已经有钥匙了（也就是说，玩家再次返回巨石堆），就显示以前的巨石堆信息。

好啦，现在玩家已经可以找到钥匙了。接下来需要修改建筑物大门的代码。以前，玩家走到大门前时，只看到一条暗示需要钥匙的信息。现在，代码需要根据玩家是否有钥匙而做出不同的反应。以下是更新后的 doStructureDoor() 函数：

```
# Location: Structure door
def doStructureDoor():
    # Display text
    print(Strings.get("StructureDoor"))
    if inv.hasStructureKey():
        print(Strings.get("StructureDoorKey"))
    else:
        print(Strings.get("StructureDoorNoKey"))
    # What can the player do?
    choices = [
        ["S", "Back to structure"],
        ["R", "Run!"]
    ]
    # Does user have the key?
    if inv.hasStructureKey():
        # Yep, add unlock to choices
        choices.insert(0, ["U","Unlock the door"])
    # Prompt for user action
    choice = Utils.getUserChoice(choices)
    # Perform action
    if choice == 'S':
        doStructure()
```

```
    elif choice =='R':
        doRun()
    elif choice == 'U':
        doEnterStructure()
```

这个函数很有意思。这段代码首先显示门的基本信息，然后检查玩家是否有钥匙，如果有，就用以下代码显示一条信息；如果没有，就显示另一条：

```
# Display text
print(Strings.get("StructureDoor"))
if inv.hasStructureKey():
    print(Strings.get("StructureDoorKey"))
else:
    print(Strings.get("StructureDoorNoKey"))
```

然后是用户的选择，和之前差不多。不过，现在的代码中增加了玩家有钥匙时的选项：

```
# What can the player do?
    choices = [
        ["S", "Back to structure"],
        ["R", "Run!"]
    ]
    # Does user have the key?
    if inv.hasStructureKey():
        # Yep, add unlock to choices
        choices.insert(0, ["U","Unlock the door"])
```

初始情况下，**choices** 包含与之前一样的两个选项。如果玩家有钥匙，**choices** 列表中就会增加一个条目。Unlock the door 这个选项很重要，我们希望它是列表中的首位，所以不要用 append() 来添加 ["U", "Unlock the door"]，而要用 insert() 并将其放在索引 0 处（使其成为第一个选项）。

最后，添加这段代码，在用户选择开门时进行响应：

```
    elif choice == 'U':
        doEnterStructure()
```

显然，想要运行这段代码的话，还需要有一个 doEnterStructure() 函数，现在，明白这个意思就可以了。

getUserChoice() 函数的价值和实力已经体现得淋漓尽致。根据物品栏或其他条件动态改变选项的能力对动态进行游戏至关重要。

好啦，保存代码并测试。如下所示，游戏的开头一如既往：

```
Welcome adventurer!
You wake in a daze, recalling nothing useful.
Stumbling, you reach for the door, it opens in anticipation.
You step outside. Nothing is familiar.
The landscape is dusty, vast, tinged red, barren.
You notice that you are wearing a spacesuit. Huh?
You look around. Red dust, a pile of boulders, more dust.
There's an odd octagon shaped structure in front of you.
You hear beeping nearby. It stopped. No, it didn't.
P - Examine pile of boulders
S - Go to the structure
B - Walk towards the beeping
R - Run!
I - Inventory
What do you want to do? [PSBRI]: ▍
```

输入 S 前往建筑物，然后输入 D 尝试开门，如下所示。

```
The door appears to be locked.
You see a small circular hole. Is that the keyhole?
You move your hand towards it, it flashes blue and closes!
Well, that didn't work as planned.
S - Back to structure
R - Run!
What do you want to do? [SR]: ▍
```

没有钥匙，所以无法开门。

输入 S 回到建筑物后，再次输入 S 回到初始地点，然后输入 P 检查巨石堆，如下
所示。

```
You look closer. Was that a blue flash?
You reach between the boulders and find ...
It looks like a key, it occasionally flashes blue.
You look around. Red dust, a pile of boulders, more dust.
There's an odd octagon shaped structure in front of you.
You hear beeping nearby. It stopped. No, it didn't.
P - Examine pile of boulders
S - Go to the structure
B - Walk towards the beeping
R - Run!
I - Inventory
What do you want to do? [PSBRI]: ▯
```

现在，有钥匙了。这确实过于简单了。我们很快会加大难度。

输入 S，回到建筑物处，然后输入 D 再次尝试开门，如下所示。

```
The door appears to be locked.
You see a small circular hole. Is that the keyhole?
You look at the key you are holding.
It is flashing blue, as is the keyhole.
U - Unlock the door
S - Back to structure
R - Run!
What do you want to do? [USR]: _
```

这一次，因为物品栏中有钥匙，所以代码做出了不同的反应。不错！

如果再次回到巨石堆，就会看到如下图所示的信息：

```
Seriously? They are boulders.
Big, heavy, boring boulders.
```

拥有能运行的物品栏系统后，游戏就可以根据物品栏内容做出不同的反应了。

显示物品栏

关于物品栏，最后一点说明是：在大多数游戏中，用户都能查看自己持有的物品。这个功能很容易实现。在 Inventory.py 的末尾添加以下函数：

```python
# Display inventory
def display():
    print("*** Inventory ***")
    print("You have", numCoins(), "coins")
    if hasStructureKey():
        print("You have a key that flashes blue")
    print("****************")
```

这段代码非常简单。它定义了一个名为 **display()** 的函数，用来打印当前物品栏中的内容。注意，这里使用了包装函数，而没有直接访问 **inv** 字典。这种方式更好。好在哪里呢？假设我们想以特定方式格式化硬币，或者需要进行任意计算（比如，临时获取食物或精力的乘积）。始终以同样的方式访问项目可以确保我们总能执行想要的代码。

当想要显示库存时，只需要调用 **display()** 函数即可。举个例子，把以下代码添加到 **doStart()** 的 **choices** 中：

```python
        ["I", "Inventory"]
```

然后，将以下代码添加到处理过程中：

```python
    elif choice == "I":
```

```
        inv.display()
        doStart()
```

这样的话，用户选择 I 后，程序就会显示物品栏，然后重新显示 doStart() 的选项。

是的，doStart() 正在调用 doStart()。这种做法是可行的，称为递归。

新术语

递归（recursion）　递归指的是代码调用自身，比如 doStart() 函数调用 doStart()。这种做法是允许的，并且，如果使用得当，将非常强大。

挑战 15.1

现在，你已经拥有了定义完整的物品栏系统所需的一切知识。定位到游戏中需要使用额外物品的地方。把它们添加到物品栏中，并创建与之相匹配的包装函数。

小结

在本章中，我们学会了如何使用 Python 的字典来存储关联的条目，还学会了使用字典和包装函数来创建一个物品栏系统。本章还展示了如何在游戏中使用物品栏。

第 16 章

分门别类：类的概念

　　我们已经有了一个有效的物品栏系统，允许玩家获得、携带和使用物品。而且，游戏可以根据物品项来进行调整。接下来要创建一个玩家管理系统。为了创建这个系统，本章将重点介绍类（class）的概念。

玩家系统

在第 15 章中，我们用字典创建了物品栏系统。我们藏了一把钥匙，玩家需要先找到这把钥匙才能打开门。

但老实说，我们在藏钥匙这个特性上做得很差劲。玩家走到巨石堆旁，就能直接找到钥匙了。在真正的游戏中，玩家通常需要解决一些谜题后才能找到钥匙。我们可能会要求玩家先找到另一个物品，比如铲子；或者只有在玩家按顺序完成一系列操作后，才让钥匙出现；或者玩家需要在游戏中通过交易来获得钥匙。

我们的游戏设定是，玩家只有在多次造访巨石堆后，才可以找到钥匙。要做到这一点，需要一种能记录造访次数的方法，而这就需要有一个玩家系统。

玩家系统记录玩家的行动、状态等。具体是什么呢？造访过的地方，还剩几条命，耗费的精力，游戏时长，累计分数，等等。这些都不是玩家拾取和使用的东西，所以它们不属于物品栏系统，但它们确实需要记录下来，于是就有了玩家系统。

为了创建一个玩家系统，我要介绍一种新的 Python 对象类型：类。其实，我们前面已经使用过类了。比如：

```
name="Shmuel"
```

name 变量属于 str 类（Python 的字符串类）。想要显示变量类型的话，可以像下面这样：

```
print(type(name))
```

这将显示 <class 'str'>。

使用 upper() 这样的函数时：

```
name=name.upper()
```

实际上是在调用 str 类中的一个名为 upper() 的方法。

所以，没错，我们已经用过很多次类了。不过，我们还没有创建过自己的类。

类还是字典？

创建物品栏系统时使用的是 Python 字典，创建游戏系统时则要使用 Python 类。为什么呢？其实，这两个系统可以都用类或都用字典来创建。但我想分别说明如何使用字典和类，所以才会这么做。在自己的代码中，可以随心所欲使用自己喜欢的数据结构。

顺带一提，字典实际上也是类，dict 类。

创建玩家类

那么，究竟什么是类呢？在编程环境中，类是一个对象，就像变量是对象一样。但类的特殊之处在于它的作用。本书的第III部分将大量使用类。现在，只需要理解一个重点，那就是类可以包含数据和函数。

这意味着什么呢？回忆一下，之前创建的列表和字典都包含了什么？答案是数据，只有数据。它们是可以包含变量的变量。字典和列表不能包含函数，只能包含数据。

另外，类可以包含数据（称为"属性"）和函数（称为"方法"）。例如，刚才提到的 str 类就包含数据（存储在变量中的文本）和方法（upper() 函数）。

这一点很重要，因为类能同时存储数据和访问这些数据的函数，所以它非常适合用来编写高度可复用的自包含代码。

有关类的知识还有很多，第III部分（那时会用到很多类）将详细介绍。不过，有了前面的简要介绍后，我们已经可以开始创建玩家类了。

创建类

我们将在专属文件中创建类。因此，在 Adventure 文件夹中新建一个文件，命名为 Player.py。代码如下：

```
###########################################
# Player.py
# player class
###########################################

# Define player class
class player:
    pass
```

保存并执行这段代码，不会有任何输出，因为这段代码只是用 class 关键字和类的名称以及冒号新建了一个类。

类的代码需要在类的语句下有缩进（就像 if、while 和 def 一样）。现在，类中还没有任何内容，所以我在这里放了一条 pass 语句，以免 Python 抛出错误信息。

既然类已经建好了，那我们就用它来做一些有用的事情吧。

定义属性

正如前面所解释的那样，类可以用来存储数据，而类中的数据称为"特性"或属性。

> **新术语**
>
> 　　**特性**（attribute）　类中的数据是属性（property）。几乎所有编程语言都如此。但 Python 也用特性来指代类中的所有数据，包括属性以及类的其他相关信息。不过，如果在本书中看到了"特性"一词，也可以认为指的是属性。

怎么创建属性呢？属性是变量，所以创建它们的方式和创建其他变量一样。以下是更新后的代码：

```
##########################################
# Player.py
# player class
##########################################

# Define player class
class player:

    # Properties
    name = "Adventurer"
    livesLeft = 3
    boulderVisits = 0
```

这里删去了 pass 语句，因为它没有存在的必要了。然后，我们添加了三个属性。

names 存储玩家的名字，这样就可以个性化游戏中的文本了。我们将其初始化为默认值 "Adventurer"。

livesLeft 是一个用于记录玩家还剩下几条命的属性，它被初始化为 3。

最后，用于隐藏钥匙的属性是 boulderVisits，我们将其初始化为 0（玩家每次访问巨石堆时，这个属性都会递增 1）。

> **小贴士**
>
> 　　**总是初始化属性**　应该总是用默认值初始化属性。这样，即使没有在代码中明确设置属性值，代码也能正常运行。

保存修改。

如果想测试这个类，可以在末尾处添加以下代码：

```
p=player()
print(p.livesLeft)
```

这段代码做了什么？

第一行创建了一个名为 p 的变量，它是 player 类的一个实例。注意，类名后面加了一对括号。事实上，虽然 p=player 也是可以的，但是最好加上一对括号，以便在需要时能将参数传入类中。

新术语

实例（instance）　　创建了一个类型的变量后，我们就说自己创建了该类的一个实例。创建实例的行为称为"实例化"（instantiation）。所以，我们其实并没有创建一个类的变量，而是实例化了类的一个实例。（是的，我正在帮助你学习程序员的语言。）

第二行负责显示 p 类中 livesLeft 属性的值。

那么这段代码显示的输出是什么呢？答案是 3，livesLeft 属性的值。

测试一下其他属性。全部测试完之后，删除文件中的测试代码。

记住，创建一个类时，实际上是在创建一种新的变量类型。若是添加 print(type(p)) 并运行，可以看到 p 是一个类型为 class player 的变量。而我们所创建的类和 Python 的内置类在本质上并没有什么区别，而且都能以同样的方式使用。

属性可以是任何类型的

我们在类中创建了简单的文本和数字属性。但是，属性的复杂程度完全是根据需要来定的，属性可以是列表、字典甚至是其他类。

显示所有的类属性

想要获取一个类中所有属性的列表时，可以使用 dir() 函数。假设类实例被命名为 p，那么输入 dir(p) 就可以获得一个属性列表。dir() 返回一个列表，因此可以用 for 循环来循环访问每个属性。举个例子：

```
p=player()
for att in dir(p):
    print(att, getattr(p, att))
```

　　for 循环循环访问 dir() 返回的列表，并为列表中的每个属性都新建了一个名为 att 的变量，然后打印属性名称，并用 getattr() 函数获取属性值。

　　注意，这段代码不只会显示类的属性，还会显示类的所有特性（包括各种内置属性）。

创建方法

　　有了类需要的属性后，是时候创建方法了。添加到类中的代码如下所示：

```
# Get name property
def getName(self):
    return self.name

# Get number of lives left
def getLivesLeft(self):
    return self.livesLeft

# Player died
def died(self):
    if self.livesLeft > 0:
        self.livesLeft-=1

# Is player alive
def isAlive(self):
    return True if self.livesLeft > 0 else False

# Get number of times boulders were visited
def getBoulderVisits(self):
    return self.boulderVisits

# Player visited the boulders
def visitBoulder(self):
    self.boulderVisits += 1
```

　　大部分代码的作用是不言自明的。和创建函数时一样，def 是用来定义方法的（还记得吧？这些方法就是函数）。

这些函数的特殊之处在于 self 参数。self 是什么呢？在一个类中创建方法时，这些方法需要能够访问类本身。self 是对类的实例的引用，通过传递 self，方法能够访问类的属性。

所以，我们采用以下方法来获取玩家姓名：

```
# Get name property
def getName(self):
    return self.name
```

getName() 方法被传递给一个类实例的引用，并用它来返回 self.name，也就是当前类（self）的一个属性。

我知道，这看起来可能有些怪，但事实就是如此。只需要记住，一定要确保 self 是任何类方法的第一个参数。

下面来看另外一个例子：

```
# Get number of lives left
def getLivesLeft(self):
    return self.livesLeft
```

这段代码很简单：getLivesLeft() 返回 livesLeft 属性，表明玩家还剩下多少条命。

更有趣的是，方法不只是能返回属性。请看下面这个例子：

```
# Is player alive
def isAlive(self):
    return True if self.livesLeft > 0 else False
```

代码可以通过简单地检查玩家有多少条命来检查他们是否活着。但是，我们并没有选择在每一处都使用这种 if 计算，而是创建了一个名为 isAlive() 的方法，以供代码调用。如果玩家有剩余生命（livesLeft>0），它就返回 True；如果没有（意味着玩家已死），就返回 False。如此一来，游戏中就可以使用下面这样的代码了：

```
if p.isAlive():
```

不一定要命名为 self

　　其实，可以随心所欲地为类方法的第一个参数命名。Python 程序员采用了 self 作为标准名称，所以大部分 Python 代码用的都是这个名称。但要想使用其他名称，也是完全可以的。

内联 if 语句

注意到 isAlive() 方法中的返回语句有啥不同了吗？它是一个内联 if 语句，即带有 else 的单行 if 语句。严格来说，是称为三元条件运算符（ternary conditional operator）。没错，所以称其为内联 if 语句。

下面这行代码：

```
return True if self.livesLeft > 0 else False
```

在功能上等同于以下代码：

```
if self.livesLeft > 0:
    return True
else:
    return False
```

两种语法都可以。之所以选择使用内联 if，是因为它更简洁，而且看起来更专业。谁不喜欢显得更专业呢？

不错吧？

有一件重要的事情要注意：isAlive() 方法被定义为 def isAlive(self):，带有 self 参数。刚才的 if 语句在没有参数的情况下调用了 isAlive()。那 self 呢？嗯，其实不必担心这个问题，因为 Python 会帮我们处理的。我们只需要调用方法并在需要时传递参数，且在调用类方法时忽略 self 参数即可。

只返回属性的方法固然不错，但是，类变得超级有用的前提是先创建超级有用的方法，这些方法可以为了返回超级有用的结果而进行任何处理。

回到巨石堆和隐藏钥匙并使其可被发现的场景，需要用到哪些方法呢？首先是下面这个方法：

```
# Player visited the boulders
def visitBoulder(self):
    self.boulderVisits += 1
```

每次玩家造访巨石堆时，游戏都会调用 visitBoulder() 方法，它的作用就是为 boulderVisits 属性值加 1，记录玩家访问了巨石堆多少次。

要想获取访问次数时，游戏可以调用以下方法：

```
# Get number of times boulders were visited
def getBoulderVisits(self):
    return self.boulderVisits
```

这段代码的作用不言自明。

初始化类

在开始使用类之前，还有一个话题需要讨论。

在实例化类时，有时需要执行一些默认代码。这通常是为了初始化属性，而我们现在不需要这么做，因为我们在类定义中已经利用简单的赋值完成了这个任务。但有时是出于其他原因。

创建类时，可以定义一个构造函数，一个可以自动执行的方法。

> **新术语**
>
> 　构造函数（constructor）　构造函数是在类实例化时自动调用的方法。

我们的类中并不真正需要有构造函数，但为了说明什么是构造函数以及它们看上去什么样，还是定义一个吧：

```python
# Initialize class and properties
def __init__(self):
    self.name = "Adventurer"
    self.livesLeft = 3
    self.boulderVisits = 0
```

在 Python 中，构造函数总是被命名为 __init__，init 前后分别有两个下画线字符。如果具有这个名字的方法存在，Python 就会执行它。很简单。

以上代码片段演示了如何用构造函数来初始化属性。但如前所述，我们不需要这样做，因为我们已经把它们初始化了。

要是你愿意，可以在自己的类中加入这段代码。加不加，随便你。

使用新建的类

既然用于玩家系统的类已经创建好，就加入游戏中，更新巨石堆和找钥匙的代码。

首先要做的是导入新文件 Player。所以，像下面这样更新 import 语句：

```python
# Imports
import Strings
import Utils
```

```
import Inventory as inv
import Player
```

接下来，需要创建一个新类的实例。将以下代码添加到 Main.py 开头处的 **import**
语句之后：

```
# Create player object
p = Player.player()
```

player 类是在 **Player** 库中，所以我们用 **Player.player()** 来指代它。

现在运行游戏的话，代码会立即将 **player** 类实例化，我们可以在代码中使用这
个名为 **p** 的新实例了。

哦，游戏还需要一个文本块。玩家查看巨石和找到钥匙时显示的文本都有了，还
需要再添加一个在玩家第二次和之后造访巨石堆时显示的文本块。将以下代码添加到
Strings.py 文件的 **get()** 函数中：

```
elif id == "Boulders2":
    return ("What's with you and boulders?\n"
            "They are still big, heavy, boring boulders.")
```

很好。现在，只需要更新 **doBoulders()** 函数。更新后的代码如下所示：

```
# Location: Boulders
def doBoulders():
    # Track this visit
    p.visitBoulder()
    # Display text
    if p.getBoulderVisits() == 1:
        print(Strings.get("Boulders"))
    elif p.getBoulderVisits() == 3:
        print(Strings.get("BouldersKey"))
        inv.takeStructureKey()
    else:
        print(Strings.get("Boulders2"))
    # Go back to start
    doStart()
```

下面来看看这个更新后的函数。我们需要知道玩家访问了巨石堆多少次，所以代
码所做的第一件事是：

```
    # Track this visit
    p.visitBoulder()
```

如你所知，player 类中的 visitBoulder() 方法会让 boulderVisits 属性递增。所以，用户第一次查看巨石堆的时候，计数会被增加到 1，第二次会被增加到 2，以此类推。

然后是一条 if 语句。如果这是玩家第一次访问，就显示 Boulders 信息。如果这是第二次访问，就会显示 Boulders2 信息。如果这是第三次访问，那么 elif 将显示 BouldersKey 信息，并用以下代码拾取钥匙并将其加入物品栏中：

```
inv.takeStructureKey()
```

如果用户再次造访巨石堆，程序会显示 Boulders2 信息。

这样应该可以了！下面来测试一下。

游戏开始。输入 I 查看物品栏。如下所示，物品栏中没有任何东西：

```
*** Inventory ***
You have 0 coins
*****************
```

如下所示，输入 P，查看巨石堆：

```
Seriously? They are boulders.
Big, heavy, boring boulders.
You look around. Red dust, a pile of boulders, more dust.
There's an odd octagon shaped structure in front of you.
You hear beeping nearby. It stopped. No, it didn't.
P - Examine pile of boulders
S - Go to the structure
B - Walk towards the beeping
R - Run!
I - Inventory
What do you want to do? [PSBRI]:
```

显示的是第一条巨石堆信息。这里没有给出提示，玩家能破解迷局吗？

如下所示，输入 P，再次前往巨石堆：

```
What do you want to do? [PSBRI]: P
What's with you and boulders?
They are still big, heavy, boring boulders.
You look around. Red dust, a pile of boulders, more dust.
There's an odd octagon shaped structure in front of you.
You hear beeping nearby. It stopped. No, it didn't.
P - Examine pile of boulders
S - Go to the structure
B - Walk towards the beeping
R - Run!
I - Inventory
What do you want to do? [PSBRI]:
```

这次显示的是第二条巨石信息。这是个隐晦的提示。玩家如果留心的话，就会注意到文本有变化，暗示着再次造访时会发生不同的事。

如下所示，输入 P，第三次前往巨石堆：

```
What do you want to do? [PSBRI]: P
You look closer. Was that a blue flash?
You reach between the boulders and find ...
It looks like a key, it occasionally flashes blue.
You look around. Red dust, a pile of boulders, more dust.
There's an odd octagon shaped structure in front of you.
You hear beeping nearby. It stopped. No, it didn't.
P - Examine pile of boulders
S - Go to the structure
B - Walk towards the beeping
R - Run!
I - Inventory
What do you want to do? [PSBRI]: []
```

好了！我们找到了钥匙。如下所示，输入 I 查看物品栏：

```
*** Inventory ***
You have 0 coins
You have a key that flashes blue
******************
```

如下所示，成功了！找到钥匙后，它就被添加到物品栏中，正如我们计划的那样。

玩家再次回到巨石堆时，会发生什么？

```
What do you want to do? [PSBRI]: p
What's with you and boulders?
They are still big, heavy, boring boulders.
You look around. Red dust, a pile of boulders, more dust.
There's an odd octagon shaped structure in front of you.
You hear beeping nearby. It stopped. No, it didn't.
P - Examine pile of boulders
S - Go to the structure
B - Walk towards the beeping
R - Run!
I - Inventory
What do you want to do? [PSBRI]:
```

之后的每次访问都将会显示巨石堆的第二条信息。

现在，玩家可以前往建筑物，用钥匙打开大门了。

挑战 16.1

可以用 player 类的 name 属性来个性化游戏。更新 doWelcome()
函数，询问玩家的名字并将其保存到 player 类中。既可以简单地用
p.name=input()，也可以在 player 类中创建一个 setName() 函数。这
两种方法都可以。

然后，在代码中用 p.getName() 来显示个性化的信息。

最好也把 Strings.py 中 get() 方法返回的文本个性化。一个简单的办
法是将 p.getName() 作为 get() 方法的第二个参数传入其中，并在构建
要显示的文本时使用它。

挑战 16.2

当玩家选择逃跑（run）时，他们会死（doRun() 方法）。修改代码，
让他们在逃跑后少一条命（提示：类中的一个方法正好能派上用场）。
然后在 if 语句中用 isAlive() 进行判断。如果玩家还活着，就回到
doStart() 继续游戏；否则，使用 gameOver() 函数。

小结

本章讲解了如何创建和使用类。我们为游戏的玩家系统新建了一个类，并将新的
系统与第 15 章中创建的物品栏系统结合起来，引入了新的功能。

第 17 章

颜色设置：colorama 库

我们已经有了一个游戏的雏形。但它看起来很无趣，只有单调的黑底白字。本章将展示如何安装和使用第三方 Python 库，并尝试用其中的一个库来为游戏着色。

安装第三方库

第 3 章提到过第三方库。第三方库是由 Python 开发者创建的，我们可以像使用 Python 内置的库一样使用第三方库。

当然，在使用库之前，需要先安装它们。为了给游戏输出添加颜色，我们要使用一个很受欢迎的 Python 第三方库 colorama。事实上，在没有任何库的情况下，也可以为输出添加颜色，方法是在输出中添加 `ESC [ 31 m` 这样的代码（顺便说一下，这是红色）。但使用 colorama 库，就可以用易于理解的文字（比如 RED 这个词）来设置颜色，这样要简单得多。

那么，怎么在 Python 中安装第三方库呢？我们在第 1 章中安装 Python 时，也安装了一系列的工具和实用程序，其中的 PIP 可以用来安装（以及更新和删除）第三方库。

可以在终端窗口（应用程序的输出通常显示在这里）中使用 PIP。是的，当没有代码在运行时，可以在该窗口中输入终端命令。安装 colorama 库的命令如下所示：

- Windows 用户：`pip install colorama`
- Mac 用户和 Chromebook 用户：`pip3 install colorama`

发出命令后，会看到如下所示的信息：

```
PS C:\Users\zz432\Documents\Python> pip install colorama
Collecting colorama
  Downloading colorama-0.4.4-py2.py3-none-any.whl (16 kB)
Installing collected packages: colorama
Successfully installed colorama-0.4.4
```

PIP

PIP 是一个缩写，代表 Pip Installs Packages（Pip 安装包）或 Pip Installs Python（Pip 安装 Python）。没错，其中的第一个词就是 PIP 这个缩写！嘿嘿，感受到程序员的幽默了吗？

另外，也有人说 PIP 代表的是 preferred installer program（首选安装程序）。但是，我更喜欢前面那种解释。

如果版本号不同，也不必在意。版本会随着第三方库开发者的修改和更新而变化。关键在于最后一行，只要它显示 Successfully installed（安装成功），就表示大功告成，我们可以放心了。

使用 colorama 库

为了给终端窗口中的文本着色，我们需要在输出中嵌入特殊代码（称为"转义序列"）。不必处理晦涩难懂的颜色代码，因为 colorama 库让我们能够使用颜色名的英文，而它会负责将其转换为对应的代码。

所以，要想显示红色文本，像下面这么做：

```
print(colorama.Fore.RED+"Hello, this is in red")
```

很简单。

导入和初始化库

在使用 colorama 库之前，需要先导入这个库。你知道该怎么做：

```
import colorama
```

colorama 这个名字有点儿长，可以将它简写为其他名字，就像第 15 章的 Inventory 文件中所做的那样：

```
import colorama as col
```

然后，可以把前面的代码缩短成这样了：

```
print(col.Fore.RED+"Hello, this is in red")
```

这些语法我们以前都见过。

不过，还有一种使用 import 的方法前面没有介绍。请看以下 import 语句：

```
from colorama import Fore
```

这个 import 有些不同。它只导入了 colorama 库的 Fore 部分，让我们能访问 Fore 而不需要完全限定其名称。这意味着什么呢？我们可以像这样：

```
print(Fore.RED+"Hello, this is in red")
```

现在，代码更短了。

选择使用哪种语法都可以，但这里我要用新的语法，以便大家可以熟悉它。

我们需要用到 colorama 库的两个部分：init（负责初始化库）和 Fore（包含前景颜色的代码）。因此，更新后的 import 代码块应该是下面这样：

```
# Imports
import Strings
```

```
import Utils
import Inventory as inv
import Player
from colorama import init, Fore, Back
```

在使用 colorama 库之前，还需要做最后一件事：初始化。在 Main.py 的顶部添加这段代码（在实例化 player 类的代码之前或之后）。

```
# Initialize colorama
init()
```

测试应用程序，确保没有任何问题。现在还看不到任何颜色，但程序的功能应该和之前一样。若是如此，就意味着没有问题，可以接着为输出添加颜色。

给输出着色

终端窗口中可以显示的颜色相当有限。大体上，能用作文本颜色的有黑色、红色、绿色、黄色、蓝色、洋红色（MAGENTA）、青色（CYAN）和白色。

前景色指的是文本的颜色。colorama 库也支持设置背景色（举例来说，这样就可以在黄色的背景上使用红色的字了），但为了简单起见，这里只用前景色。同时，我们要为不同部分的文本选择不同的颜色。

我决定将游戏的主要文本设为绿色，将菜单设为黄色（因为它们需要显得明亮而清晰），将出现问题的情况设为红色，将物品栏设为青色。

想要使用这些颜色时，在 print() 函数中添加正确的代码即可。举个例子，以下是更新后的 doWelcome() 函数：

```
# Welcome the player
def doWelcome():
# Display text
    print(Back.YELLOW+Fore.GREEN+Strings.get("Welcome"))
```

唯一变动的地方是增加了 Fore.GREEN，它被预置在显示文本中。这就是唯一需要做的改动。

当玩家试图开门时，我们将以标准的 GREEN 显示提示，除非出了什么问题（无法打开门，抱歉），在这种情况下，就要以 RED 显示文本。以下是 doStructureDoor() 函数的一个片段：

```
# Location: Boulders
def doBoulders():
```

```
# Display text
if p.getBoulderVisits() == 0:
    print(Fore.GREEN+Strings.get("Boulders1"))
elif p.getBoulderVisits() == 2:
    print(Fore.GREEN+Strings.get("BouldersKey"))
    inv.takeStructureKey()
else:
```

如你所见，这一切都很简单。

自定义输出函数

与其四处粘贴颜色指令，还不如自己创建一个实用函数（将其放入 Utils.py
中）。可以创建一个名为 printGreen() 的函数，任何传递给它的文本都会以
Fore.GREEN 为前缀打印出来。

或者也可以创建 printMessage()、printErrorMessage()、printMenuText()
这样的函数，在其中使用想要的颜色。

这些做法没有正确和错误之分，全看作为程序员的你想要如何组织代码。

试试，看自己究竟有多厉害。

对菜单或物品栏的显示进行颜色设置就没那么简单了。打开 Inventory.py 并尝试
添加 Fore.CYAN 后，VS Code 会在 Fore 下面标一条波浪线，如下所示：

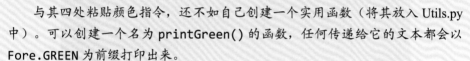

```
# Display inventory
def display():
    print(Fore.CYAN+"*** Inventory ***")
    print(Fore.CYAN+"You have", numCoins(), "coins")
    if hasStructureKey():
        print(Fore.CYAN+"You have a key that flashes blue")
    print(Fore.CYAN+"*****************")
```

为什么会发生这种情况？因为 Main.py 中的代码知道 colorama 库是什么，但
Inventory.py 中的代码不知道。所以，我们还需要在文件中导入这个第三方库。

在 Inventory.py 的开头处添加以下代码：

```
# Imports
from colorama import Fore
```

因为不用再次初始化 colorama 库，所以这次只需要导入 Fore。这样改完之后，
就没问题了。

想要为 Print() 语句中的选择着色时，需要对 Utils.py 进行同样的处理。

保存代码并运行游戏，应该会看到下图这样的输出，颜色可能会因为设置而有所不同。

```
*** Inventory ***
You have 0 coins
*****************
You look around. Red dust, a pile of boulders, more dust.
There's an odd octagon shaped structure in front of you.
You hear beeping nearby. It stopped. No, it didn't.
P - Examine pile of boulders
S - Go to the structure
B - Walk towards the beeping
R - Run!
I - Inventory
What do you want to do? [PSBRI]: s
You examine the odd structure.
Eerily unearthly sounds seem to be coming from inside.
You see no doors or windows.
Well, that outline might be a door, good luck opening it.
And that beeping. Where is it coming from?
S - Back to start
D - Open the door
B - Walk towards the beeping
R - Run!
What do you want to do? [SDBR]: d
The door appears to be locked.
You see a small circular hole. Is that the keyhole?
You move your hand towards it, it flashes blue and closes!
Well, that didn't work as planned.
S - Back to structure
R - Run!
What do you want to do? [SR]: 
```

看上去好多了。想用多少种颜色就用多少种颜色，但要记住下面几点。

- 选择合理的颜色。举例来说，不要用绿色来表示错误或警告。

- 颜色的使用要一致，所有菜单都是同一个颜色，所有信息都是同一个颜色，以此类推。这么做有助于引导玩家，因为颜色能帮助他们识别内容的类别。

- 为了进一步增强效果，可以使用背景色。想这么做的话，需要在 `import` 行中添加 Back，然后就可以进行这样的设置：`Back.White+Fore.RED`。

- 记住，颜色是有黏性的。有黏性的意思是，如果没有在 `print()` 中设置颜色，那么之前最后一个设置的颜色就会被使用。设置颜色基本上就是启用一个颜色，然后它会保持启用的状态，直到我们做出更改为止。因此，如果某处文本的颜色出了差错，那么可能是因为没有准确地给出想要的颜色，于是程序就用到了之前设置的颜色。对于设置背景色，同理。

● 当应用程序运行完毕后，最好把颜色设置成原样。不这么做的话，终端文本的颜色将一直是最后使用的颜色。因此，在 gameOver() 函数中，应该最后把颜色设置为 Fore.WHITE。

> **小贴士**
>
> 可以自动重置　不希望颜色被记忆的话，可以把 init() 改为 init(autoreset=True)。这样一来，颜色就只限定用于当前的 print() 语句。

挑战 17.1

你已经掌握了为输出着色的方法，请继续为整个游戏着色吧。

小结

本章讲解了如何安装和使用 Python 的第三方库。我们使用有趣的 colorama 库对游戏输出进行了着色。

第 18 章

休息一下，动动脑子

我们已经做出了一个可以运行（尽管功能比较有限）的文字冒险游戏。通过使用库、函数、列表、字典和类，大家已经拥有了真正构建一个完整而全面的游戏所需要的一切。本章中，我将提供一些有关下一步目标的点子，并指导大家实现目标。

血量和生命数

许多游戏都会追踪玩家的生命数。玩家一死，就会失去一条命并继续游戏。而生命数归零时，游戏就结束了。player 类有使用生命数的属性和方法，可以在游戏中使用它们。

现在的游戏还会追踪玩家的血量，并且通常将其与生命数相结合。怎样在我们的游戏中实现这个功能呢？

首先需要在 player 类中添加几个属性。更新后的类如下所示：

```
# Properties
name = "Adventurer"
livesLeft = 3
boulderVisits = 0
maxHealth = 100
health = maxHealth
```

可以看到，新增了两个属性，分别是 maxHealth 和 health。

maxHealth 存储了玩家的血量上限。我们需要用这个值来进行各种计算。我们没有频繁进行硬编码，而是只在一个其他代码可以引用的属性中硬编码了一次。这样的话，要更改这个值时，就只需要改动一处。

health 存储了玩家的当前血量。游戏开始时，玩家的血量是满的，所以 health 变量被初始化为 maxHealth。当然，如果游戏设定有所不同——可能玩家开始时只有半血，需要寻找物品来回复血量——可以根据需要改变初始化的值。

现在需要一些方法来处理生命和血量。先从添加和减去生命数的方法开始。

如果游戏允许玩家增加生命值（比如通过寻找物品、使用药剂、购买心心等），就需要一种方法来更新玩家系统的信息。在 player 类中添加以下 addLives() 方法：

```
# Add lives
def addLife(self,lives=1):
    # Increment lives
    self.livesLeft += lives
    # And fill up health
    self.health = self.maxHealth
```

执行这段代码时，addLives() 函数要做两件事。第一行代码负责增加 livesLeft 属性的值，让玩家复活。许多游戏在新增一条命时也会将玩家的血量恢复到全满，所以函数的第二行会将玩家血量恢复到 maxHealth。不想这么做的话，删去第二行即可。

因为这个函数是类中的方法，所以第一个参数总是 self，如第 16 章所述。

但请注意第二个参数。发现它有什么不同了吗？ lives=1 是什么意思？答案是 =1 为 lives 参数提供了一个默认值（使 lives 参数成为选择性输入的参数）。

在我们的游戏中，一次只需要增加一条命，所以我们可以简单地将 addLife() 写成下面这样：

```
def addLife(self):
    self.livesLeft += 1
    self.health = self.maxHealth
```

调用 addLife() 后，它就会让 livesLeft 增加 1（这就是 +=1 的作用），非常简单。

但是，如果未来需要允许用户一次增加多条命呢？那就需要用另一个函数来接收要增加的生命数作为参数。就像下面这样：

```
def addLife(self, lives):
    self.livesLeft += lives
    self.health = self.maxHealth
```

诚然，这个功能现在可能用不到，但未来可能用得到。那时，我们就会有两个非常相似的函数。

编写灵活的方法

以上 addLife() 函数是个很好的例子，说明了该如何编写所有的方法。要尽可能地为将来的需求和能力做准备，并让代码尽可能灵活。这么做提高了代码的可复用性，并且保障了未来的安全。不只是对类中的方法，对任何函数都如此。

预测到未来可能的需求后，我们创建了一个能同时支持两种情况的 addLife() 函数。它是如何做到兼顾两者的呢？答案是通过接受可选参数：一个有默认值的参数。如果没有传递参数值，默认值就会被使用。因此，如果在不传递 lives 值的情况下调用该方法：

```
p.addLife()
```

那么 Python 将使用默认值 1 作为参数值。但是，如果用以下方式调用该方法：

```
p.addLife(3)
```

那么参数值就会是传递的值，也就是 3。

我们可能永远都不需要一次添加多条生命。但是，几乎没有写任何额外代码，我们就支持了这种用例，而且还没为函数的调用增加任何复杂性 (p.addLife() 可以完美搞定)。那么，何乐而不为呢？

接着，我们需要一个方法来删去一条命：

```python
# Lose lives
def loseLife(self, lives=1):
# Decrement lives
    self.livesLeft -= lives
# Make sure didn't go below 0
    if self.livesLeft < 0:
        # It did, so set to 0
        self.livesLeft = 0
    # If no lives
    if self.livesLeft == 0:
        # No health either
        self.health = 0
    # If lives left
    elif self.livesLeft >= 1:
        # Reset health to full
        self.health = self.maxHealth
```

loseLife() 看起来更复杂，但其实不然。

和 addLife() 函数一样，它接受一个可选的 lives 值，后者默认为 1。

它做的第一件事是让 livesLeft 属性递减。但和添加生命时不同的是，减去生命数时，需要确保 livesLeft 不低于 0。以下代码确保了这一点：

```python
# Make sure didn't go below 0
if self.livesLeft < 0:
    # It did, so set to 0
    self.livesLeft = 0
```

现在，如果 livesLeft 低于 0，它将被设置为 0，这样一来，用户的生命数就不会为负了！

其余的代码负责根据情况设置 health。每当玩家开始用新的一条生命时，health 就会被重置为 maxHealth。但如果没有剩余的生命，health 就会被设为 0。

我们现在可以根据需要增加和删去生命数了。接下来需要对血量做同样的处理。先用一个方法来获取当前的 health 值：

```python
# Get health value
def getHealth(self):
```

```
        return self.health
```

getHealth() 是一个简单的函数，它负责返回 health 属性的当前值。

然后，就可以开始增加和减少血量了。以下是两个新的方法：

```
    # Add health
    addHealth(self,health):
        self.health += health
        # Make sure not over maxHealth
        if self.health > self.maxHealth:
        # Went too high, reset to max
            self.health = self.maxHealth
    # Lose health
    loseHealth(self,health):
        self.health -= health
        # Make sure not < 0
        if self.health < 0:
        # Lose a life
            self.loseLife()
```

addHealth() 接受一个表明要增加多少血量的参数。然后，它用 self.health += health 将传入的 health 值添加到 health 属性中。其后的 if 语句确保 health 不大于 maxHealth（这是有可能发生的，比如当 health 为 75，而用户的操作使他恢复了 50 点血量时）。如果 health 大于 maxHealth，那么它将被重置为 maxHealth。

loseHealth() 的作用则相反。它从 health 属性中减少血量。如果这样做让 health 值低于 0 了，那么这个函数就会调用 loseLife()，后者负责处理 livesLeft 的递减并根据情况设置血量。

这些属性和方法就是为游戏添加生命数和血量功能所需要的一切了。接下来该做什么呢？

- 修改游戏代码，让玩家能够增加和失去生命。
- 添加消耗和恢复血量的途径。
- 前面，我们添加过一个显示物品栏内容的方法。尝试用类似的方法显示生命和血量吧。
- 如果真的想提高复杂程度，那么可以把血量条显示出来。需要写一个函数，接受血量条的最大值和当前水平，这两者都是显示血量条所需要的。还可以改变血量条的颜色：如果当前血量是血量条最大值的 50% 及以上，就将血量条显示为绿色；如果在 25% 和 50% 之间，就为黄色；如果低于 25%，就为红色。

注意变量名

　　`addHealth()` 和 `loseHealth()` 这两个函数中的参数是命名的反面教材。尽管它们可以工作，但是参数和属性命名一样是在自找麻烦。如果属性被命名成 `health`，那么除了 `health` 这个名称之外，给参数起任何名称都可以。

购买物品

　　购买物品是一个流行且常见的游戏特性。有些物品可能是必须要有的（不买就无法通关），有些则是选择性的（它们可以改善游戏体验，但不是通关游戏必须要有的）。允许玩家购买物品是增加游戏多样性的好方法。通过购买不同的物品，玩家可以影响游戏的进程。

　　我们在物品栏系统中增加了对硬币的支持。但还没有添加任何方法来处理这些硬币。

　　那么，怎么才能在代码中支持购物呢？需要做下面几件事。

- 玩家需要获得硬币的途径。比如，可以在他们解开一个谜题时发放硬币。或者，敌人在被打倒时，会掉落硬币。也可以把硬币藏在不同的地点，玩家发现后，就将其添加到物品栏中。这样做的话，还需要决定如果玩家再次前往那个地点时，会发生什么。他们是会得到更多硬币，还是只此一次？
- 需要决定商店是菜单中的常见选项，还是只在特定的地点出现。
- 需要一种方法来显示物品。
- 最后，玩家购买物品时，我们需要从物品栏中扣除相应的硬币，并在物品栏中添加他们买到的物品。

　　这些功能的实现方法并不唯一。我将展示其中一种创建 `item` 列表的方法，并说明如何向玩家展示物品。

　　Items.py 的代码如下所示：

```
#######################################
# Items
# Items that may be purchased
#######################################
items = [
    {
        "id":"health",
        "description":"Health restoration potion.",
```

```
            "key":"H",
            "cost":100
        },
        {

            "id":"blaster",
            "description":"Laser blaster.",
            "key":"B",
            "cost":250
        },
        {

            "id":"grenades",
            "description":"3 Space Grenades.",
            "key":"G",
            "cost":300
        },
        {

            "id":"shield",
            "description":"Shield which halves enemy damage.",
            "key":"S",
            "cost":500
        },
        {

            "id":"life",
            "description":"Additional life.",
            "key":"L",
            "cost":1000},
]
```

创建 item 列表时，要考虑清楚这些信息会怎样使用。需要检查玩家购买物品时是否有足够的硬币，所以需要获取售价。还需要有清晰的物品说明，等等。

为此，我们创建了一个字典的列表。字典中的每一项都对应着一个物品。需要添加更多物品时，只需添加字典项，再写好辅助函数。下面是一个获取物品的例子：

```python
# Get available items
# Return in format used by getUserChoice()
def getItems():
    # Variable for result
    result = []
    # Loop through items
    for item in items:
        # Create empty list
        i=[]
        # Add key
        i.append(item["key"])
```

```
    # Add description + cost
    i.append(item["description"]+" ("+str(item["cost"])+")")
    # Add this item to the result
    result.append(i)
  # Return it
  return result
```

getItems() 这个函数很有趣。正如第 14 章中讲的那样，getUserChoice() 函数希望选项以列表的形式传递。item 列表也是一个字典列表。所以，getItems() 循环处理这些条目，并创建 getUserChoice() 想要的列表之列表。这是如何实现的呢？

该函数首先创建一个用于存储结果的空的列表，如下所示：

```
result = []
```

然后，它用 for 循环来循环浏览这些条目。每循环一次，就创建一个临时列表变量来存储这个特定的条目，像下面这样：

```
    # Create empty list
    i=[]
```

然后，它需要在这个列表中添加两个条目。第一个是菜单字母（玩家在选择菜单选项时输入的字母），第二个是菜单文本。负责添加第一个条目的是以下代码：

```
    # Add key
    i.append(item["key"])
```

append() 函数将一个条目添加到一个列表中，这里，它添加了当前条目的 key 值。菜单文本由描述和售价构成，如下所示：

```
    # Add description + cost
    i.append(item["description"]+" ("+str(item["cost"])+")")
```

同样，append() 把它添加到临时列表中。完成后，列表第一个条目是这样的：['H', 'Health restoration potion. (100)']，正是我们所需要的。

接着，这一项被添加到结果中：

```
    # Add this item to the result
    result.append(i)
```

每一个条目都会经历一遍这个过程，然后，返回完整的结果。

现在。可以用现有的菜单函数来显示 item 列表，也许像下面这样：

```
# Display shopping list menu
choice=Utils.getUserChoice(Items.getItems())
```

聪明的做法，对吧？

打算实现物品和购物功能的话，需要考虑下面几点。

- 为玩家提供一种硬币的途径（稍后我将给出一个点子）。
- 决定玩家如何查看商店和物品。
- 或许可以把购物放在循环中，让玩家可以在买完物品之前一直留在商店里。
- 可以限制购物，只显示玩家买得起的物品。修改 getItems() 以接受玩家持有的硬币数量作为参数，然后，在循环建立 item 列表时，用一条 if 语句来检查售价，并只添加玩家能负担得起的物品。
- 一些买入的物品需要添加到物品栏中。如果玩家购买了血瓶或生命，就转而调用合适的 player() 方法。

随机事件

你可能希望游戏是线性的，也就是说，每次玩游戏时，事情都是按照特定的顺序来发生的。你也可能想在游戏中引入多样性，这样每次游玩的过程都会有所不同。实现游戏的方式没有对错之分。我们作为程序员，可以任性一些，自己的游戏自己来做主。

要想引入多样性的话，可以采用随机事件。我们知道如何使用 random 库，并且在第 3 章就已经用过了。在任何想引入随机事件的地方都可以使用 random 库。例如，以下代码会在地上找到 100 个硬币，并将硬币添加到物品栏中：

```
# 100 coins show up 1 in 4 times
if random.randrange(1,5) == 1:
    # Tell player
    print("You see 100 coins on the ground.")
    print("You pick them up.")
    # Add to inventory
    inv.takeCoins(100)
```

这段代码大约每 4 次能找到一次硬币。怎么做到的呢？因为 random.randrange（1，5）会返回一个从 1 到 4 的随机数（5 不包括在内，记得吧？）。这意味着代码有四分之一的概率会返回 1，有四分之一的概率会返回 2，以此类推。if 语句会检查 randrange() 是否返回 1，而这种情况发生的概率大约是四分之一，如果返回 1，用户就能找到并拾取硬币。因此，在这个函数运行的四分之一时间中，用户会得到硬币。想要将概率改为三分之一的话，只需要把范围改为 (1，4)。

如果经常这样做，那么最好写一个函数来确定随机事件是否应该发生。请看以下函数（可以把它添加到 Utils.py 中）：

```python
# Should a random event occur?
# Pass it a frequency, 2=1 out 2, 3=1 out of 3, etc.)
def randomEvent(freq):
    return True if random.randrange(0, freq)==0 else False
```

randomEvent() 接受随机事件的发生频率作为参数。传入 4 的话，那么 4 次中会有 1 次返回 True，另外 3 次返回 False。传入 2，那么返回 True 和 False 的概率将是一半儿一半儿。其逻辑和前面的例子是一样的，但这一次放入的是一个用户定义函数。

这个函数所用到的代码并不比 randrange() 少。但像这样使用一个用户定义函数仍然是个不错的选择。首先，它能让代码更简洁。其次，它还让我们能轻松地改变随机性的工作方式，只需要修改一个函数，不必逐一修改每处的代码。

那么，该如何使用这个函数呢？请看以下示例：

```python
# 100 coins show up 1 in 4 times
if Utils.randomEvent(4):
    # Tell player
    print("You see 100 coins on the ground.")
    print("You pick them up.")
    # Add to inventory
    inv.takeCoins(100)
```

如你所见，结果是一样的，但代码更简洁。Utils.randomEvent(4) 有四分之一的概率会返回 True，这时 if 下的代码执行，玩家得到硬币。

如果愿意，那么你还可以添加更多随机性。请看以下示例：

```python
# 100 coins show up 1 in 4 times
if Utils.randomEvent(4):
    # Pick a random number of coins
    coins=random.randrange(1, 101)
    # Tell player
    print("You see", coins, "coins on the ground.")
    print("You pick them up.")
    # Add to inventory
    inv.takeCoins(100)
```

现在有四分之一的机会能找到随机数量（在 1 到 100 之间）的硬币。随机性是增强游戏趣味性的妙招。

与敌人战斗

战斗系统也是一个常见的游戏功能。坏消息是，这个功能实现起来比较麻烦。不过，我会给出一些指导来帮助大家入门。

像物品一样，敌人也是有属性的，所以需要新建 Enemies.py 文件，代码可能是下面这样的：

```
##########################################
# Enemies
# Defines enemies, supporting functions
# ##########################################

# List of enemies
# Each needs a short name, a description,
# strength (higher number = need to do more damage to kill),
# and defense (lower number = easier to hit)

enemies= [
    {
        "id":"slug",
        "description":"Space slug",
        "strength":10,
        "damageMin":1,
        "damageMax":3,
        "defense":2
    },
    {

        "id":"eel",
        "description":"Radioactive eel",
        "strength":50,
        "damageMin":10,
        "damageMax":15,
        "defense":1
    },
    {
        "id":"alien",
        "description":"Green tentacled alien",
        "strength":25,
        "damageMin":5,
        "damageMax":10,
        "defense":3
    }
]
```

这段代码定义并组织了敌人。每个敌人都有一个 id 和一个 description，然后是敌人的属性和属性值。strength 是玩家想要杀死敌人时必须造成的伤害值。damageMin 和 damageMax 是敌人对玩家造成的伤害的数值范围（之所以设的是范围，是为了使每次敌人攻击时造成的伤害是这个范围内的随机数。不过，也可以简单地将其改为固定的伤害值）。defense 决定了敌人闪避玩家攻击的概率。"defense":3 意味着敌人有三分之一的概率能闪避攻击。

明白这个意思就行，不必完全照搬这些设定。可以根据需要将任意设定改为固定值或者改成一个范围。关键在于，所有的敌方数据都需要清晰地定义和组织。

然后，主代码可以通过 id 键来获取一个特定敌人了。若想随机获取一个敌人，可以像下面这么做：

```
# Get a random enemy
def getRandomEnemy():
    # Return a random enemy
    return random.choice(enemies)
```

这部分比较容易。棘手的部分是实际的战斗机制。战斗机制有很多种，其中一个比较流行的是回合制战斗，类似于《神奇宝贝》中的战斗。要想实现这个功能的话，需要考虑下面几点。

- 一方先行动（如果想，可以将其设为随机），然后各方轮流发起攻击。
- 可以让用户根据物品栏的武器来选择攻击方式。不同的武器造成的伤害不同，有些武器可能是一次性的（使用后会从物品栏中消失）。
- 或许要允许玩家在战斗中使用药剂或其他手段恢复血量。
- 根据使用的武器、造成的伤害范围和闪避的能力，最终会决出胜负。如果敌人的 strength 减少到 0，那么玩家就赢了。如果玩家耗尽了血量（或生命），那么敌人就获胜了。
- 战斗结束后会怎样？这由你决定。可能打败敌人是主线剧情的一部分，玩家在这之后能取得进展（通常是能从敌人所在的地方通过）。或者，敌人可能会掉落物品，玩家可以拾取并放入物品栏。又或者，嗯，你是程序员，你来决定！

正如我们所说的那样，这个问题很棘手。并非所有游戏都需要战斗系统。但如果是自己的游戏需要，就得花时间精心规划。

保存和读取

在很多游戏中，玩家都可以保存进度，并在以后读取。当游戏流程太长，玩家无法一次性玩完时，最好设置保存和读取的功能。玩家也可能想在尝试新事物（比如与敌人交战）之前保存进度，这样一来，即便是死了，也可以恢复到原来的进度。

只要游戏数据井然有序（分布在字典和类中，而不是七零八落地分散在变量中），那么用 Python 来实现这个功能非常简单。只需要用到一个名为 pickle 的库，这是 Python 自带的库。

保存和读取怎样实现的呢？想要保存游戏进度的话，需要做下面几件事。

1. 创建一个包含所有要保存的数据的变量。

2. 将数据保存在计算机的一个文件中，所以要选好想使用的文件。

3. 用 pickle 库来序列化数据并将其保存到文件中。

恢复游戏进度则相反。

1. 从保存的文件中读取数据。

2. 用 pickle 库将数据反序列化。

3. 将数据保存到正确的变量中。

> **新术语**
>
> 　序列化（serializing）　在 Python 中，序列化数据意味着将一个 Python 内部对象（变量、列表、类、字典等）变成一串可以保存的字节。反序列化则相反，它意味着将一串字节变回一个 Python 对象。

pickle（腌黄瓜）？你是认真的吗？

没错，用来保存和恢复数据的 Python 库就叫 pickle。这个名字听起来有些搞笑，但它其实是一个很好的（或者至少是合理的）名字。腌制黄瓜或洋葱这样的食物，是为了更长久地贮存它们。Python 的 pickle 库也是用来持久化保存数据的。

好的，下面来看具体怎么做。请看以下代码：

```
# Imports
from os import path
import pickle
# Data file
```

```
saveDataFile = "savedGame.p"
```

　　第一个 import 用来访问计算机上的文件的库。我们需要用它来保存和读取保存游戏进度的文件。第二行导入 pickle 库。接着，我们新建了一个变量，命名为 saveDataFile，包含实际保存游戏数据的文件的名字。

　　至于保存进度数据，请看下面这段代码：

```
# Create a data object to store both data sets.
db = {
    "inv":inv,
    "player":player
}
# Save it
pickle.dump(db, open(saveDataFile, "wb"))
```

　　保存游戏进度数据时，所有数据最好都放在同一个变量中。这里新建了一个字典，命名为 db（数据库的英文简写），并在其中保存了 inv 变量和 player 变量，假设我们用的是这两个变量名。

　　下一行代码真正保存了数据。要保存的数据（db 变量）和它要存入的开放文件传入 pickle.dump()。wb 参数告诉 dump() 要写二进制数据（而不是简单的文本数据）。然后就没了。游戏进度数据成功保存了。

　　想要读取游戏进度数据时，只需要反着来：

```
# Now read back saved file
if path.isfile(saveDataFile):
    db = pickle.load(open(saveDataFile, "rb"))
    inv = db["inv"]
    player = db["player"]
```

　　这段代码首先用 path.isfile() 来验证保存游戏进度的文件是否存在。如果存在，就用 pickle.load() 读取并反序列化数据，然后将恢复的数据放回原来的 inv 变量和 play 变量中。这里使用了一个 rb 参数，告诉 dump() 读取二进制数据。

　　如你所见，在 Python 语言中，保存和读取数据真的很简单。我也用其他编程语言实现过这个功能，但在大多数语言中，这个功能都不是短短几行代码就能实现的。

　　如果想让自己的游戏支持保存和读取，需要注意下面几点。

　　● 前面的做法是将所有要保存的对象复制到同一个 save 变量中，这是保存数据最简洁的方法。没有人希望保存和读取多个变量，相信我，没错的。

- 保存的变量应该包含将游戏恢复到特定状态所需要的一切。

- 确定是想要唯一一个保存文件还是想要多个文件。单个文件的话，操作比较简单，但只有一个文档可以供玩家读取。多个保存文件可以让玩家根据需求来进行读取，但需要有一种方法来让他们选择要读取哪个文档。

- 或许可以在游戏启动时检查是否有存档。如果检测到存档，就询问用户是否想进行读取。

小结

本章介绍了许多点子和技术，可以用它们来把自己的文字冒险游戏提升到一个全新的高度。在第III部分中，我们将使用这些技术来处理基于图形的游戏。

第 III 部分

Python 好好玩：赛车竞速类游戏

第III部分

Python 语言扩展：科学计算类库实战

第 19 章

赛车游戏

在第 II 部分中，我们创建了一个文字冒险游戏，并在这个过程中学到了许多技能和技巧。本部分将更上一层楼，创建一个图形游戏。和制作文字冒险游戏时相同，我们将从基础架构开始做起，然后逐步添加功能。

pygame 库

编写图形游戏可能很复杂。不像只打印文字的文字冒险游戏，图形游戏需要管理屏幕上的图像、运动、对象之间的交互、键盘或鼠标输入、音频以及更多，并且这些都是并行的（意思是有很多事情同时发生）。不能只用一个 input() 然后等待用户输入，很多事情都会在等待的时候发生。没错，很多（这就是我先介绍文字冒险游戏的原因）。

好消息是，大多数游戏开发者不需要从头开始，而是能基于值得信赖且经过验证的游戏引擎构建游戏。这让他们能更关注游戏本身，而不是分心关注光线、动画、运动、物理等方面所需要的细节。

pygame 库是一个为 Python 开发人员编写的游戏引擎。它功能强大，好用，并且还是免费的（开源发布）。这些优点使其成为我们制作游戏的不二之选。

关于 pygame 的更多信息

pygame 大约有 20 年的历史，创建了数以万计的游戏。pygame 是为 Python 设计的，但与大多数其他 Python 库不同，它并不是完全用 Python 来写的。为了提高性能，它的一部分内容是用 C 语言和汇编语言来写的，它的运行速度比 Python 快 100 多倍。

像 pygame 这样的大型项目通常建立在另一个流行且强大的 SDL 库之上，SDL 库提供对音频、键盘、鼠标、摇杆、GPU 等的访问，包括维尔福软件[①]在内的游戏界大咖也都在用 SDL 库。

说这些主要想表明一点，pygame 是强大且值得信赖的。虽然我们要构建的是一个比较简单的游戏，但 pygame 也可以用来构建极其复杂的游戏。实际上，还有一些不那么复杂的游戏，比如几年前风靡一时的《笨鸟先飞》（Flappy Bird）[②]。

若想进一步了解 pygame，请访问 pygame.org。网站上还有许多优秀的案例来说明 pygame 库怎么用。

---

① 译注：Valve 公司，总部位于美国华盛顿贝尔维尤，这家电子游戏公司 1998 年 11 月发布了首款产品《半条命》。2004 年发布了用自主研发的 Source 渲染物理引擎开发的《半条命 2：物理沙盘》。此外还运营了数字发行平台 Steam 来服务 PC 游戏市场。

② 译注：这款像素级小游戏在 2014 年火遍全球，让开发者阮哈东日进 5 万美元，但也给他造成了困扰，以至于最后下架了该款游戏。游戏机制很简单，玩家点击屏幕，小鸟就会向上飞，不停点击，就不停地飞向高处。一松开手，就会快速下跌。玩家一边得让小鸟保持飞行，一边还要避开高低不同的管道。大家可以用 Scratch 来复刻这款游戏。

> **新术语**
>
> 开源（open source） 开源就是被设计为可以公开访问的代码。任何人都可以查看、修改并免费使用。不仅如此，不同开源协议的使用许可方式不同。但就目前来讲，开源意味着我们可以免费用来创建游戏。

规划游戏

在开始编程之前，先总览一遍我们将要创建的游戏，并做好各项准备工作。

游戏概念

《疯狂司机》是一款简单的赛车游戏。玩家驾驶着汽车行驶在车水马龙的道路上。但走错了路，并正好遇上迎面而来的车流！你这个司机简直快要疯了，天哪！在现实生活中，千万不能这样做！

这是一款俯视角游戏（也叫"高空视角游戏"），游戏画面看起来就像是从空中看向地面，如下图所示。

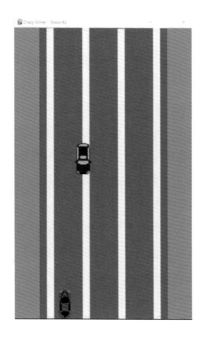

游戏目标很简单：玩家的车位于屏幕底部，玩家需要向左或向右移动，以免撞上迎面驶来的汽车，大概就是这样。

玩家每成功避开一辆车，就会得到一分。而且，每次成功避开一辆车后，游戏就会加速一点儿。

安装 pygame 库

pygame 库不是 Python 自带的，所以需要先安装。安装步骤和第 17 章安装 colorama 的步骤完全一样：

- Windows 用户：`pip install pygame`
- Mac 和 Chromebook 用户：`pip3 install pygame`

```
Collecting pygame
  Using cached pygame-2.0.1-cp39-cp39-win_amd64.whl (5.2 MB)
Installing collected packages: pygame
Successfully installed pygame-2.0.1
```

同样，版本号或者文本和图中不一样，不用担心。只要最后一行显示安装成功，就可以放心继续了。

创建工作文件夹

首先，为游戏新建一个工作文件夹。打开 VS Code 资源管理面板。将鼠标悬停在 PYTHON 一栏以显示工具栏。单击左数第二个新建文件夹图标。输入文件夹名称（比如 CrazyDriver）并按下 Enter 键。这个新文件夹就是主游戏文件夹（也叫应用程序的根目录）。

其次，图形游戏通常需要一些辅助文件。最起码需要图像文件，可能还需要音频文件和音乐文件等。一般来说，这些文件不应该和代码存放在同一个文件夹中，而是应该为每种文件创建一个单独的子文件夹。我们的游戏使用图形图像，因此要在新文件夹中创建一个名为 Images 的文件夹直到有文件保存到其中，这些文件夹在 VS Code 中看起来可能很奇怪。请不要太在意。

我们现在有了一个游戏主文件夹和一个用于存储游戏图像文件的子文件夹。新建代码文件时，确保先在资源管理器面板上单击选中正确的文件夹。代码需要放在游戏主文件夹而不是 Images 子文件夹中。

获取图片

图形游戏要使用图形，很明显，对吧？最起码得有汽车和背景的图片，图片格式通常是 PNG。

图片不是用 pygame 绘制出来的。我们需要用 Photoshop 这样的工具来创建图片。我希望你能自己创建图片，但为了帮助大家入门，我已经做好了一些可供使用的图片。可以访问本书英文版网站或者扫描二维码下载图片。

下载图片压缩文件后，要从压缩文件中提取图片。这通常可以通过在计算机的文件资源管理器中双击压缩文件来完成。将压缩文件中的图片复制到刚刚新建的 Images 文件夹中。如果要自己创建图片，也要把图片放到 Images 文件夹中。

正式开始

我们将一步一步地构建游戏。这意味着我们能够运行代码进行测试和修改，但在一段时间内，玩儿不了游戏。我们将从定义游戏空间开始。

可下载的代码

　　本部分的每一章，我们都会更新并完善游戏代码文件（我们马上就要创建它了）。代码并不算多，如果愿意，可以自己输入它们，也可以扫描二维码，从本书的网站下载代码。为了方便大家，我给出了对应的代码。

初始化 pygame

在游戏根目录下创建一个新文件。因为这是游戏的主文件，所以将其命名为 Main.py（实际上，自己喜欢的任何名字都行）。以下是 Main.py 的代码：

```
# Imports
import pygame

# Game colors
BLACK = (0, 0, 0)
WHITE = (255, 255, 255)
RED   = (255, 0, 0)
```

```
# Main game starts here
# Initialize PyGame
pygame.init()

# Initialize frame manager
clock = pygame.time.Clock()
# Set frame rate
clock.tick(60)

# Set caption bar
pygame.display.set_caption("Crazy Driver")
```

保存并运行这段代码后，貌似什么都没有发生。不要慌！现在就应该是这样的。

下面来分析一下这段代码。首先导入 pygame 库，非常简单。

接下来，为游戏中需要的几种颜色定义变量。颜色指定为用逗号分隔的 RGB 值，如下所示：

```
# Game colors
BLACK = (0, 0, 0)
WHITE = (255, 255, 255)
RED   = (255, 0, 0)
```

RGB 值

计算机屏幕上的颜色是由不同量的红光、绿光和蓝光混合而成的。是的，屏幕显示黄色时，实际上显示的是大量的红色和绿色，蓝色没有显示。真的！

因为所有的颜色都是通过红、绿、蓝的组合产生的，颜色值称为 RGB 值（R 代表红色，G 代表绿色，B 代表蓝色），由三个数字组成，每个数字指定了每种颜色的量。每种颜色的量是 0（完全没有该颜色）到 255（全部都是该颜色）的区间中的一个数字。

这意味着 255，0，0 将显示红色——R 值是 255（全亮度），而 G 和 B 是 0（完全没有这两种光）。洋红色（或紫色）将是 255，0，255——全亮度的红光和蓝光，没有绿光。黑色是 0，0，0——三种颜色的光都没有。白色是 255，255，255——三种颜色的亮度是最高值的。

也可以使用部分数值。这意味着可能的颜色组合数超过 1 600 万（3 的 256 次方）。

代码（包括 Python）以及图形和绘图软件中的颜色都是用这样的 RGB 值提供的。

全部大写

可以看到，我们定义的颜色变量全是大写的。比如，BLACK 而不是 black 或 Black。大家知道，Python 是区分大小写的，所以，如果创建了一个名为 BLACK 的变量，就必须准确地用这个名字来指代它。那为什么我们要用大写字母创建这些变量呢？这种命名惯例被 Python 程序员用来表示不可改动的变量。因为我们的颜色不改动，所以才使用了这种命名惯例。

给变量起名时，我们经常使用混合大小写，比如 lightGreen。如果变量是全大写的，就会让人难以断字，比如 LIGHTGREEN。因此，程序员经常用下画线 _ 来分隔单词，比如 LIGHT_GREEN。

接下来是库的初始化。在使用 pygame 库之前，必须初始化（就像第 17 章使用 colorama 库时那样），只需要一行代码就可以完成：

```
# Initialize PyGame
pygame.init()
```

元组

仔细看这三个颜色变量的代码，发现它们的不同了吗？它们看上去和我们用过很多次的列表很相似，但又不完全一样。列表的定义如下：

```
RED = [255,0,0]
```

列表中的值被逗号分隔，并包含在一对方括号内，对吧？

而这里用的是小括号：

```
RED = (255, 0, 0)
```

RED 看起来和列表很像，但它显然不是列表。那么，它到底是什么呢？

它实际上是一个元组，与列表非常相似的另一种 Python 类型。但两者有一个巨大的区别：与列表不同，元祖永远不能改。不能另外添加，不能编辑，任何改动都不行。

这使得图元非常适用于那些不应该改动的变量，比如颜色。

图形游戏的屏幕需要以每秒数次的频率持续刷新。屏幕更新的速度称为"帧率"。

> **新术语**
>
> 　　**帧率**（frame rate）　我们在看屏幕时，比如看电影或玩电子游戏时，屏幕中的图像看似一直在变化。但实则并非如此。屏幕每秒钟更新很多次，速度比我们肉眼能注意到的快得多，造成了屏幕不断在变的假象。
>
> 　　屏幕每秒钟刷新很多次。刷新速度是以每秒的帧数（也就是FPS）来衡量的，这个值称为"帧率"。
>
> 　　更高的帧率可以使视频的变化看起来更流畅、更真实，但也会占用更多处理能力。

管理帧率涉及对时间的跟踪，所以我们创建 clock 对象来负责这项工作。这为游戏提供了一种途径来跟踪何时需要刷新帧：

```
# Initialize frame manager
clock = pygame.time.Clock()
```

Clock 对象是在 pygame 的 time 库中定义的，所以此处使用了完全限定的 **pygame.time.Clock()** 来实例化 clock 对象。

有了 clock 对象后，就可以用它来设置游戏的帧率，如以下代码所示：

```
# Set frame rate
clock.tick(60)
```

clock.tick(60) 告诉 pygame 库每秒钟更新显示不超过 60 次，也就是每秒 60 帧。

这段代码做的最后一件事是更新标题栏，也就是游戏界面上方的那一栏（请参见本章开头处的图片）。具体代码如下所示：

```
# Set caption bar
pygame.display.set_caption("Crazy Driver")
```

pygame 的 display 库用来管理屏幕上显示的所有内容。这里使用 **set_caption()** 方法将标题文本设置成 **"Crazy Driver"**。我们之后会添加代码，让标题栏持续更新以显示玩家当前得分。

以上就是这段代码的所有作用。现在明白为什么运行它之后貌似什么也没有发生了吧？

接下来要做的是告诉 pygame 游戏窗口的尺寸。在末尾处添加以下代码：

```
# Initialize game screen
screen = pygame.display.set_mode((500, 800))
```

在 pygame 中创建的游戏能以全屏或窗口模式运行。这一行告诉 pygame 以窗口模式运行游戏，并将窗口大小设置为宽 500 像素，高 800 像素。set_mode() 方法返回了游戏区域，它被保存在一个名为 screen 的变量中。

现在保存并运行这段代码，会看到一个黑色窗口（其大小正好是 500 像素宽，800 像素高）在屏幕上一闪而过。

我们取得进展了！

显示内容

我们已经有了一个可操作的游戏区域（称为 surface）。游戏中发生的一切，比如显示项目、移动项目等，都发生在 surface 对象中。

> **新术语**
>
> surface　这个对象代表屏幕中的一个区域，用来显示图片、文字等。把项目放在 surface 中后，pygame 就可以显示它们了。

下面来更新一下游戏区域。surface 对象可以通过 screen 变量来访问。我们可以用纯色来填充背景。本例将用 fill() 方法把背景变成白色。将以下代码添加到文件中：

```
# Set background color
screen.fill(WHITE)
```

> **像素**
>
> 像素是 pixel，picture element 的简称，pixel=picture，el=element，是可以在屏幕上显示的最小项目。每个像素是一个小点点，并且只有一种 RGB 颜色。图片或视频实际上是由数不胜数的像素组成的。因为像素非常小并且数量众多，我们基本注意不到单个像素点，而只会看到它们构成的图片。
>
> 这就是分辨率为 1080 的图片比分辨率为 720 的图片看起来更好的原因。在和分辨率为 720 的图片相同的空间里，分辨率为 1080 包含更多像素，并且每个像素的体积更小，更不明显。分辨率为 4000 的像素远多于分辨率为 1080 的像素，所以图片看起来更加清晰。

顾名思义，`fill()` 的作用是用一种颜色来填充屏幕，这里我们传递给它的是之前定义的 `WHITE` 颜色。请注意，这是因为我们创建了 `WHITE`，它才能起作用。如果试图使用 `BLUE`，就会得到一个错误，因为我们没有定义 `BLUE`。

保存并运行代码。好吧，这没用。窗口在屏幕上短暂地闪了一下，但仍然是黑色的。`fill(WHITE)` 为什么没有起作用呢？

是时候介绍一个有关游戏引擎的重要事情了，这不仅适用于 pygame，还适用于所有游戏引擎：图形游戏通常会频繁地更新游戏画面，而且经常需要一次性进行很多变化。更新显示需要时间，所以游戏引擎通常会记住需要做的所有改动，但并不会真正进行这些改动，直到我们让它们这样做。这虽然为我们额外增加了一个步骤，但是游戏的速度更快了，反应更灵敏了。

这就是事情的全部经过。我们让 pygame 用 `fill(WHITE)` 设置背景颜色，pygame 用这个颜色更改更新了自己的内部更改列表。但是我们没有让 pygame 更新显示，所以它没有这么做。

怎样才能更新显示呢？在 `fill()` 方法之后添加以下代码：

```
# Update screen
pygame.display.update()
```

保存并测试代码。这一次，屏幕中一闪而过的方框是白色的。

`display.update()` 如我们所愿，用挂起的改动来对屏幕进行更新。

游戏循环

我们的游戏（我知道，现在称它为"游戏"有些牵强）启动后马上就结束了。这是因为 Python 逐行执行代码，处理完最后一行代码后，应用程序就终止了。

为了让游戏在结束之前一直运行，我们需要一个循环，和之前章节中用过的那些循环差不多。整个游戏都在一个循环中进行。当循环结束时，游戏就结束了。

那么，循环的内容是什么呢？在我们的游戏中，玩家需要能够向左和向右移动，需要有汽车迎面驶来并向玩家的方向移动，还需要跟踪分数并调整游戏速度，等等。所有这些都在游戏循环中进行。

先来添加一个简单的游戏循环。把下面的代码添加到 Main.py 的末尾处：

```
# Main game loop
```

```
while True:
    # Check for events
    for event in pygame.event.get():
        # Did the player quit?
        if event.type == pygame.QUIT:
            # Quit pygame
            pygame.quit()
            sys.exit()

# Update screen
    pygame.display.update()
```

保存修改并运行游戏。这一次，游戏画面将显示出来（有白色的背景），并且游戏窗口会一直留在屏幕上，直到我们通过单击右上角的 X 手动关闭它。

那么，这段代码是怎样运行的呢？首先是一个看起来很怪的循环：

```
# Main game loop
while True:
```

这是一个 while 循环，和之前用过的 while 循环很相似，但这个循环的条件是 True。在循环的每次迭代中，Python 都会检查条件是否为 True，而这里的条件总是为 True，使其成为一个无限循环。通常情况下，虽然这并不是什么好事，但是很适合现在的情况，因为它能让游戏持续运行。

接下来是一个 for 循环，它负责检查是否需要对游戏中发生的任何事件做出响应。什么是事件呢？举例来说，按下一个键或一次鼠标的单击就是事件。如果这些事件发生了，代码就需要相应做出响应。现在只需要响应 QUIT 事件，它意味着玩家关闭了游戏窗口。

pygame.event.get() 返回需要响应的事件（如果有的话）列表，这个列表传给 for 循环，然后 for 循环迭代这些事件，像下面这样：

```
    for event in pygame.event.get():
```

在 for 循环中，一个名为 event 的变量将包含要响应的事件的细节。我们需要检查 QUIT 事件，所以使用了如下 if 语句：

```
        # Did the player quit?
        if event.type == QUIT:
```

如果玩家确实退出了，就需要关闭 pygame 并关闭它所运行的窗口。这就是以下两行代码的作用：

```
            # Quit pygame
            pygame.quit()
            sys.exit()
```

第二行代码使用了 **sys** 库，后者包含用于处理 Python 运行环境的方法。要想使用它的话，需要在代码开头处添加一条 **import** 语句，如下所示：

```
import sys
```

游戏循环中的最后一行代码永远应该更新显示，如下所示：

```
# Update screen
   pygame.display.update()
```

游戏循环没有更新任何内容，所以 **update()** 方法也没有输出任何变化。但一般来说，每个游戏循环结束时，都需要更新显示，因此我们添加了 **update()** 方法，以便将来使用。

在结束本章之前，还需要进行一次调整。为了更容易看到正在发生的事情，下面为大家提供完整的 Main.py：

```
# Imports
import sys
import pygame
from pygame.locals import *

# Game colors
BLACK = (0, 0, 0)
WHITE = (255, 255, 255)
RED   = (255, 0, 0)

# Main game starts here
# Initialize PyGame
pygame.init()

# Initialize frame manager
clock = pygame.time.Clock()
# Set frame rate
clock.tick(60)

# Set caption bar
pygame.display.set_caption("Crazy Driver")
```

```python
# Initialize game screen
screen = pygame.display.set_mode((500, 800))

# Set background color
screen.fill(WHITE)

# Update screen
pygame.display.update()

# Main game loop
while True:
    # Check for events
    for event in pygame.event.get():
        # Did the player quit?
        if event.type == QUIT:
            # Quit pygame
            pygame.quit()
            sys.exit()

    # Update screen
    pygame.display.update()
```

那么，这里有什么变化呢？有两件事。

我们知道，程序员喜欢清晰、紧凑的代码，并总是热衷于想方设法地简化代码。在使用 pygame 时，我们反复提到了像 pygame.QUIT 这样的事件。如果能直接引用 QUIT，而不必将库作为前缀来指定，就能更简洁。如下所示，在 if 语句中使用 QUIT：

```python
        if event.type == QUIT:
```

QUIT 是在 pygame 库中定义的局部变量。那么，如何在不指定 pygame 库的名称的情况下使用 QUIT 呢？答案是可以将 pygame 库中的变量直接导入代码中。请看文件顶部的 import 语句：

```python
import sys
import pygame
from pygame.locals import *
```

前两条 import 语句我们已经非常熟悉了。第三条是全新的。它要求 Python 从 pygame 库中导入所有局部变量（这就是 locals 的含义），使它们能像我们自己的局部变量一样用在代码中。很不错吧？现在，我们可以像引用局部变量一样引用 QUIT 了。

挑战 19.1

试着改变传递给 set_mode() 的窗口大小。把它放大、缩小、拉宽……怎样都行。

我们定义了三种颜色。试着改变 fill()，用 RED 代替 WHITE。然后，自己创建并使用一些颜色变量。记住，每个 RGB 值可以是 0 到 255 之间的任何数值。这里最好只用 0 或者 255（仍然有 8 种不同组合可以尝试）。

小结

在本章中，我们了解并安装了 pygame 库。我们还创建了游戏的基础结构，它已经准备就绪，可以在下一章中显示图形了。

第 20 章

想象可能性

我们已经创建了一个基本的 pygame 图形游戏，现在是时候把它做得更像游戏了。
本章中，我们将在游戏的 surface 中放上图片，并学习如何处理文件和文件夹。

文件和文件夹

《疯狂司机》游戏现在只有一个包含 Python 代码的 Main.py 文件。但这只是暂时的。真正的游戏由大量的文件组成，而且并非所有文件都是代码文件。至少还有图片文件，甚至可能有视频、音乐和其他文件。最好不要把所有这些文件都保存在同一个文件夹中，那样会显得毫无章法，难以管理。

我们的游戏只用图片（第 19 章中指导了如何将图片保存在 Images 文件夹中）。如果另外还准备了视频文件、音效文件和配乐文件等，最好也把它们保存在各自的文件夹中，并给文件夹起一个恰当的名字。一个比较完整的游戏可能有下面这样的文件夹结构：

难点在于，代码要知道在需要的时候可以去哪里找到这些文件。我们不想把文件路径硬编码进去，因为根据操作系统和应用程序所在文件夹的不同，文件和文件夹的具体路径可能会变。每台计算机上的路径可能因人而异。

新术语

路径（path）　计算机上的文件存储在文件夹中，而文件夹可能又包含在其他文件夹内。考虑到文件夹的上下文，文件的确切位置称为路径。

有什么解决方案吗？答案是动态建立文件夹的路径。当游戏启动时，会检查所在的位置，然后为游戏文件夹的路径创建变量。代码使用这些变量来访问文件。虽然只是多了几行代码，却显著增加了应用程序的安全性和可移植性。

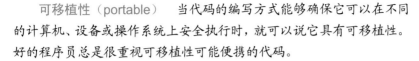

新术语

可移植性（portable）　当代码的编写方式能够确保它可以在不同的计算机、设备或操作系统上安全执行时，就可以说它具有可移植性。好的程序员总是很重视可移植性可能便携的代码。

怎样才能获取正在运行的代码所在的路径呢？ Python 让这个步骤变得非常简单。创建一个测试文件并输入以下代码：

```
print(__file__)
```

保存并运行该代码，在终端窗口中，就可以看到正在执行的文件的完整路径。

这是怎么做到的呢？ __file__ 是一个特殊的内置变量，它包含当前执行的代码的，而这正是我们所需要的。请注意，file 的前后分别都有两个下画线。

有了代码的路径后，要从中单独提取出文件夹名称，因为这部分表明代码文件在哪个文件夹中。这个文件夹就是游戏的根目录。从一个完全限定的路径中提取文件夹（也称为目录）的代码如下所示：

```
import os
print(__file__)
print(os.path.dirname(__file__))
```

保存并运行代码。这次的输出有两行：第一行是代码的完整路径；第二行是代码所在的目录。

小贴士

像专业人员一样行事　无论是内置库还是像 pygame 这样的第三方库，往往都有多得数不清的模块和方法。完全不需要把它们都背下来。输入模块或方法名的一部分，VS Code 就会帮我们找到想要的东西。这样行不通的话，就像专业人士那样，上网搜吧。如果搜索"怎样在Python 中获取文件路径"，查找到的内容应该和前面所用到的代码差不多，同时还有一些其他的解决方案。

os 库中包含与包括文件在内的操作系统有关的函数。os.path.dirname() 接受一个路径并只提取文件夹部分，这正是我们想要的。

有了这个函数后，就能够轻松为游戏的路径创建变量了。更新后的代码如下所示：

```python
import os

# Build game paths
GAME_ROOT_FOLDER=os.path.dirname(__file__)
IMAGE_FOLDER=os.path.join(GAME_ROOT_FOLDER, "Images")

print("Game root:   ", GAME_ROOT_FOLDER)
print("Image folder:", IMAGE_FOLDER)
```

保存并运行这段代码。它将打印两行输出，分别是游戏的根目录和图片文件夹。

这段代码非常简单。第一个路径变量是下面这样创建的：

```python
GAME_ROOT_FOLDER=os.path.dirname(__file__)
```

只是简单将提取出来的文件夹路径保存到 **GAME_ROOT_FOLDER** 变量。

下一行代码负责保存位于游戏根目录中的图片文件夹的路径。为此，它使用了一个名为 **os.path.join()** 的函数，如下所示：

```python
IMAGE_FOLDER=os.path.join(GAME_ROOT_FOLDER, "Images")
```

join() 函数的作用是以一种对各种计算机操作系统都安全的方式添加路径。这段代码用 **GAME_ROOT_FOLDER** 动态构建一个名为 **IMAGE_FOLDER** 的变量，并将 **Images** 文件夹加入其中（我们之前建的文件夹，所以知道它的位置）。而且，不必担心斜杠或反斜杠（文件路径中通常有这些字符）的问题，**join()** 已经把这个问题处理好了。

我们要用这段代码来访问将要放在 surface 上的图片。

挑战 20.1

由于我们现在只用图片，因此只有一个 Images 文件夹。但为未来做好准备是个好习惯。新建两个文件夹 Sound 和 Videos，并为每个文件夹创建一个变量。每个变量都只需要一行代码。

设置背景

在上一章中，我们创建了一个游戏窗口，并将背景设置为白色。现在，该更新代码，将道路图片显示为背景。道路图片在 Images 文件夹中并且被恰当地命名为 Road.png。完成后，游戏屏幕如下图所示。

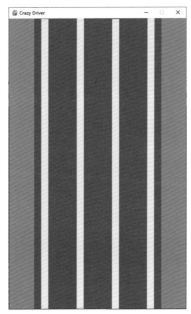

看，这比纯白色的背景好看多了！

更新后的 Main.py 如下所示：

```
# Imports
import sys, os, random
import pygame
from pygame.locals import *

# Game colors
BLACK = (0, 0, 0)
WHITE = (255, 255, 255)
RED   = (255, 0, 0)

# Build game paths
GAME_ROOT_FOLDER=os.path.dirname(__file__)
IMAGE_FOLDER=os.path.join(GAME_ROOT_FOLDER, "Images")

# Main game starts here
```

```
# Initialize PyGame
pygame.init()

# Initialize frame manager
clock = pygame.time.Clock()

# Set frame rate
clock.tick(60)

# Set caption bar
pygame.display.set_caption("Crazy Driver")

# Load images
IMG_ROAD = pygame.image.load(os.path.join(IMAGE_FOLDER, "Road.png"))

# Initialize game screen
screen = pygame.display.set_mode(IMG_ROAD.get_size())

# Main game loop
while True:
    # Place background
    screen.blit(IMG_ROAD, (0,0))

    # Check for events
    for event in pygame.event.get():
        # Did the player quit?
        if event.type == QUIT:
            # Quit pygame
            pygame.quit()
            sys.exit()

    # Update screen
    pygame.display.update()
```

保存并运行代码。这一次，游戏窗口中显示了作为背景的道路图片。

好，那么究竟引入了哪些变化呢？我们来看看代码。首先，我们对导入语句进行了改动：

```
# Imports
import sys, os, random
import pygame
from pygame.locals import *
```

正如前面讲的那样，我们需要导入 os 库来处理文件路径。

合并 import 语句

如前所述，每条 import 语句都可以单列一行，像下面这样：

```
import sys
import os
```

在 Python 中，我们也可以像合并其他代码一样把这两条 import 语句合并起来，像下面这样：

```
import sys, os
```

最终结果是一样的，所以可选择自己喜欢的格式。

接下来是游戏颜色的定义，和以前一样。

然后，我们像前面那样创建两个文件夹变量，GAME_ROOT_FOLDER 用于存储游戏的计算机路径，IMAGE_FOLDER 用于存储游戏图片文件的路径。

之后是 pygame 库的初始化，帧管理器、帧率以及标题框文本，这些都没有变，所以就不解释了。

随后是下面这段代码：

```
# Load images
IMG_ROAD = pygame.image.load(os.path.join(IMAGE_FOLDER, "Road.png"))
```

要想在 pygame 中使用图片的话，需要把它加载到一个变量中并放在 surface 上。这里加载的是道路的图片，也就是 Images 文件夹中的 Road.png 文件。和之前一样，我们使用 os.path.join() 来安全（并且可移植）创建所需文件路径。接着，pygame.image.load() 检索指定的图片并将其绘制在名为 IMG_ROAD 的 surface 上。

值得注意的是，加载图片时，并不会把图片显示出来。要显示图片，我们需要把这个新 surface 复制到主 surface 中，然后更新显示。稍后将讨论具体该怎么做。

接下来，初始化游戏屏幕，就像以前做的那样。不过，这里有一个重要的改动。以前我们为 set_mode() 硬编码了一个精确的屏幕尺寸（500 像素 ×800 像素）。现在不同了。请看以下修改后的代码：

```
# Initialize game screen
screen = pygame.display.set_mode(IMG_ROAD.get_size())
```

我们已经把 Road.png 加载到 IMG_ROAD surface 中。IMG_ROAD 知道这张图片的所有信息，包括它的尺寸在内。因此，这里使用了 IMG_ROAD.get_size()，而没有硬编码大小（硬编码＝坏事，对吧？）。这样的话，游戏窗口的大小将与道路背景图片的大小相匹配（巧的是，图片的尺寸刚好是 500 像素 ×800 像素）。如果使用不同尺寸的图片，窗口的尺寸也将会随之调整。

还有一个很重要的改动。我们删除了设置背景为白色的代码，并在游戏循环中加入了以下代码：

```
# Place background
screen.blit(IMG_ROAD, (0,0))
```

正是这行代码把道路的图片放到了游戏屏幕中。请记住，现在有两个 surface：主游戏 surface（我们称之为 screen）和背景图片 surface（我们称之为 IMG_ROAD）。blit() 函数复制传入的 surface 并将其复制到另一个 surface。这里，IMG_ROAD 被复制到 screen 中。

blit() 接受两个参数，分别是被复制的图片和要复制的目标位置。为什么需要第二个参数呢？ surface 是二维的，可以把它们想象成正方形或矩形。把图像复制到 surface 上时，需要用 x,y 坐标（一对数字）来确定目标 surface 上的位置，让 surface 知道该把图片放在哪里。坐标 0,0 对应的是屏幕左上角，而我们正是希望把背景放在这个位置，使其能够填充整个屏幕。

> 新术语
>
> x,y 坐标（x,y coordinate）　x，y 坐标用于确定平面上的一个位置。x 数值是从左往右的水平位置，而 y 数值是从上往下的垂直位置。并且，你可能已经料到了，在 Python 中，这些数值是从 0 开始的。这意味着位置 "0,0" 就是左上角，"100,50" 是从左数 100 个像素，从上数 50 个像素，以此类推。

> 新术语
>
> blit　这个词有些怪，对吗？其实，它代表的是块位传输（block transfer）。blit 实际指的是将一个信息块从一个地方复制（转移）到另一个地方。

加入车辆

现在，背景图片已经放好了，接下来要做的是在屏幕上添加两辆车：玩家的车和迎面驶来的车（我们称之为对手）。车现在还不能移动，我们将在下一章中添加这个功能。目前，只需要像放置背景图片一样，把车放好。

以下是更新后的 Main.py 代码：

```python
# Imports
import sys, os, random
import pygame
from pygame.locals import *

# Game colors
BLACK = (0, 0, 0)
WHITE = (255, 255, 255)
RED   = (255, 0, 0)

# Build game paths
GAME_ROOT_FOLDER=os.path.dirname(__file__)
IMAGE_FOLDER=os.path.join(GAME_ROOT_FOLDER, "Images")

# Main game starts here
# Initialize PyGame
pygame.init()

# Initialize frame manager
clock = pygame.time.Clock()

# Set frame rate
clock.tick(60)

# Set caption bar
pygame.display.set_caption("Crazy Driver")

# Load images
IMG_ROAD = pygame.image.load(os.path.join(IMAGE_FOLDER, "Road.png"))
IMG_PLAYER = pygame.image.load(os.path.join(IMAGE_FOLDER, "Player.png"))
IMG_ENEMY = pygame.image.load(os.path.join(IMAGE_FOLDER, "Enemy.png"))

# Initialize game screen
```

```python
screen = pygame.display.set_mode(IMG_ROAD.get_size())

# Create game objects
# Calculate initial player position
h=IMG_ROAD.get_width()//2
v=IMG_ROAD.get_height() - (IMG_PLAYER.get_height()//2)
# Create player sprite
player = pygame.sprite.Sprite()
player.image = IMG_PLAYER
player.surf = pygame.Surface(IMG_PLAYER.get_size())
player.rect = player.surf.get_rect(center = (h, v))

# Enemy
# Calculate initial enemy position
hl=IMG_ENEMY.get_width()//2
hr=IMG_ROAD.get_width()-(IMG_ENEMY.get_width()//2)
h=random.randrange(hl, hr)
v=0
# Create enemy sprite
enemy = pygame.sprite.Sprite()
enemy.image = IMG_ENEMY
enemy.surf = pygame.Surface(IMG_ENEMY.get_size())
enemy.rect = enemy.surf.get_rect(center = (h, v))

# Main game loop
while True:
    # Place background
    screen.blit(IMG_ROAD, (0,0))

    # Place player on screen
    screen.blit(player.image, player.rect)

    # Place enemy on screen
    screen.blit(enemy.image, enemy.rect)

    # Check for events
    for event in pygame.event.get():
        # Did the player quit?
        if event.type == QUIT:
            # Quit pygame
            pygame.quit()
            sys.exit()
```

```
    # Update screen
    pygame.display.update()
```

保存并运行代码。可以看到屏幕中出现了两辆车。玩家的车在底部中央位置，而对手车辆出现在屏幕顶部某个随机的位置。游戏画面如下图所示，每次运行程序时，对手车辆所在的位置都会发生变化。

游戏开始逐步成形了。下面来看看代码中有哪些改动。

在 import 语句中添加了我们最喜欢的 random 库，用来随机放置对手车辆。

接着，更新加载图片的代码来加载需要用到的两辆车：

```
# Load images
IMG_ROAD = pygame.image.load(os.path.join(IMAGE_FOLDER, "Road.png"))
IMG_PLAYER = pygame.image.load(os.path.join(IMAGE_FOLDER, "Player.png"))
IMG_ENEMY = pygame.image.load(os.path.join(IMAGE_FOLDER, "Enemy.png"))
```

就像之前的 IMG_ROAD 那样，IMG_PLAYER 加载 Player.png，IMG_ENEMY 加载 Enemy.png。现在，有三幅图被加载到 surface 上备用。

然后是一些新内容。我们创建了精灵，一种能放在 surface 上的图片对象，可以进行移动、旋转、删除以及更多操作。

新术语

精灵（sprite）　在计算机图形中，精灵是一种二维图像，放在一个更大的图像上。它可以以各种方式显示或隐藏、移动、旋转和变换。精灵是在游戏和动画电影等中创造动画和移动假象的关键。

因为车辆需要移动，所以我们把它做成了精灵。以下是玩家车辆精灵的代码：

```
# Create game objects
# Calculate initial player position
h=IMG_ROAD.get_width()//2
v=IMG_ROAD.get_height() - (IMG_PLAYER.get_height()//2)
# Create player sprite
player = pygame.sprite.Sprite()
player.image = IMG_PLAYER
player.surf = pygame.Surface(IMG_PLAYER.get_size())
player.rect = player.surf.get_rect(center = (h, v))
```

看上去有些复杂，但实际情况并非如此。我们一起来梳理一遍。

当精灵被放置在 surface 上时，我们需要准确定义要放置在哪个位置。我们希望玩家的车辆居中放在屏幕底部，所以要先找到精灵的中心来定位它们（和把背景放在一个固定的位置）。需要通过简单的数学运算来计算出中心，而这正是前两行代码的作用。

- 水平位置正好是道路宽度（也就是游戏屏幕的宽度）的一半。我们将 IMG_ROAD.get_width()/2 保存到一个名为 h 的变量中。

- 垂直位置就有些棘手了。如果直接用道路的高度，车辆的中心会在屏幕的底部，这样只能显示出玩家车辆的上半部分（中心点以上的部分）。为了让车辆完整显示出来，通过 IMG_ROAD.get_height()-(IMG_PLAYER.get_height()/2)，我们从屏幕高度中减去了车辆高度的一半。结果保存到 v 变量中。

以下图片有助于理解玩家车辆的位置：

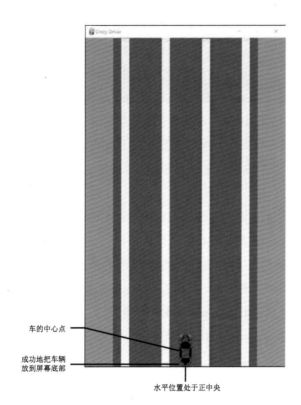

车的中心点

成功地把车辆
放到屏幕底部

水平位置处于正中央

现在，有了两个变量，分别包含玩家精灵的水平方向和垂直方向上的中心位置。

然后，代码创建了 player 精灵，并将精灵图像设置成 IMG_PLAYER（刚刚加载的玩家车辆图像）。请注意，这个过程看起来和初始化一个类很像，因为 Sprite() 本身就是一个类！

精灵对象需要知道图片的尺寸。这个值，我们没有硬编码，而是用 get_size() 获得了实际图片的大小，就像根据背景图片的尺寸来设定游戏屏幕的尺寸一样。

最后，定义容纳精灵的矩形，并用它和刚刚计算出的两个未知变量来把精灵放在 surface 的正确位置上。

放置对手车辆的步骤和之前放置玩家车辆差不多：

```
# Calculate initial enemy position
hl=IMG_ENEMY.get_width()//2
hr=IMG_ROAD.get_width()-(IMG_ENEMY.get_width()//2)
h=random.randrange(hl, hr)
v=0
```

```
# Create enemy sprite
enemy = pygame.sprite.Sprite()
enemy.image = IMG_ENEMY
enemy.surf = pygame.Surface(IMG_ENEMY.get_size())
enemy.rect = enemy.surf.get_rect(center = (h, v))
```

还是首先计算精灵的位置。这同样涉及数学运算。

实际上，我们不需要计算垂直位置。对手最开始出现在屏幕的顶部，并且只显示前半部分车身，当它驶向玩家时，整辆车才会出现。v 变量是垂直位置，因此设置 v=0。

- 水平位置比较有趣。与居中的玩家精灵不同，对手精灵需要放置在随机的水平位置上。挑选随机数时，我们需要提供一个数值范围的最小值和最大值，所以我们计算出了最左边的位置（范围的最小值），并将其保存到 hl（代表 horizontal left）变量中，此外还计算出了最右边的位置（范围的最大值），并保存到 hr（代表 horizontal right）变量中。

- 下面这个图有助于理解这个问题：

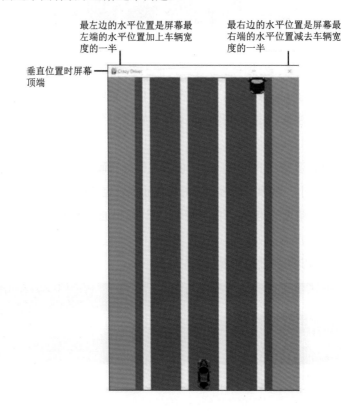

其余代码与玩家部分的精灵代码差不多，不同的是使用了对手车辆的图像而不是玩家车辆的图像。

现在，我们有两个精灵可以用了。

可以全部内联

我们计算了精灵的位置，并将结果保存为变量，然后把这些变量传递给 **get_rect()** 来定位精灵。这些变量只在接下来的几行代码中被 **get_rect()** 使用。因此，我们可以在 **get_rect()** 中直接完成数学运算，而不创建变量。事实上，大多数开发者都会这么做，网上的代码示例和教程中通常也采用这种做法。前面之所以将计算分离出来，并将其结果保存为变量，是为了使代码更容易理解。可以采取前面的做法，也可以把计算结果直接内联。最终的结果都一样，所以究竟应该怎么做，全由你来定。

最后一个改动发生在游戏循环中：

```
# Place player on screen
screen.blit(player.image, player.rect)

# Place enemy on screen
screen.blit(enemy.image, enemy.rect)
```

就像之前对道路图片所做的那样，玩家和对手的车辆被 **blit** 到屏幕中精灵矩形的位置上。

现在屏幕上有三个图了。在下一章中，我们要让它们动起来。

挑战 20.2

我们提供了三辆不同的对手车，并将在以后的章节中使用这三辆车。不过，现在可以先拿它们来做个实验。修改代码，尝试把放置在屏幕上方的对手车辆换成 Enemy2 或 Enemy3。

小结

在本章中，我们学会了如何在 pygame 库中加载图片以及如何将它们放在屏幕上显示出来。接下来，该移动它们了！

第 21 章

移动

我们的游戏逐渐有些像游戏了。唯一的问题在于，汽车还是留在原地不动。本章将对此进行调整。

移动对手车辆

我们已经有了一个以道路作为背景的游戏屏幕以及一辆在屏幕顶部的随机位置出现的对手车辆。接下来要做的是让对手车辆动起来。

还记得吗？对手车辆正在向我们迎面驶来（他们可没走错，上开错路的是我们）。想要让对手动起来，我们只需要在屏幕上移动精灵即可。

对手车辆的移动速度由我们来决定。如果它每次移动 1 个像素，就会移动得很慢；如果每次移动 100 个像素，就会移动得很快。游戏开始时，我们让对手车辆每次移动 5 个像素，然后随着游戏的进行，我们会让它加速。

打开 Main.py 文件，在该文件靠前的位置，比如在颜色定义之前或之后，添加下面的代码：

```
# Game variables
moveSpeed = 5
```

这段代码创建了一个名为 **moveSpeed** 的变量，并将其初始化为 5（要移动的像素数）。移动精灵时，会用到这个变量。

不必多虑，这个变量确实是变量。我们很快就会添加代码来改变游戏中期的玩法，所以这次命名时没有用全大写字母。

有趣的地方来了。跳转到游戏循环部分，找到将 **enemy** 显示在屏幕上的代码，并在其后添加以下代码：

```
# Move enemy downwards
enemy.rect.move_ip(0, moveSpeed)
```

move_ip() 移动一个精灵。它接受两个参数。第一个参数是要水平移动的像素数，因为不需要改变水平位置，所以这个值是 0。第二个是要垂直移动的像素数，这里传入了 **moveSpeed**（被初始化为 5），因此 **enemy** 每次将向下移动 5 个像素。

保存并运行该代码。可以看到对手车辆出现在屏幕顶部的随机位置，然后开始向玩家移动，再然后……哦不！它居然直接开出了屏幕！

上、下、左、右

精灵现在是向一个方向移动的，我们传了垂直值，但没有传水平值。我们可以同时传递两个值，使精灵有效地斜向移动。还可以传递负值作为参数：如果第一个参数是 -5，精灵将向左移动 5 个像素；第二个参数是 -5 的话，精灵将向上移动 5 个像素。

为什么会这样呢？因为 move_ip() 会不断地让对手车辆移动 5 个像素，正如代码所指示的那样。move_ip() 并不在乎精灵是否还在屏幕中。对手车辆一直在前进，并且开到了屏幕外。

为了改善游戏体验，我们需要在有对手车辆到达屏幕底部时，把它移回顶部。这样一来，看上去就像是一辆车已经开过去了，而另一辆车正在向我们驶来。为此，每次移动对手车辆时，都需要检查它是否已经到达了屏幕底部。

我们可以用一条简单的 if 语句来完成这个任务。在 move_ip() 这行代码之后添加下面的代码：

```
# Check didn't go off edge of screen
if (enemy.rect.bottom > IMG_ROAD.get_height()):
# At bottom, so move back to top
    enemy.rect.top = 0
```

保存并运行代码。对手车辆在屏幕上行驶到底部时，就会回到顶部，然后向下行驶，如此反复。

这是怎么做到的呢？你或许还记得，精灵周围的矩形被 pygame 用来跟踪精灵的位置。每次调用 move_ip() 时，pygame 都会更新矩形，因此 enemy.rect 总是包含 enemy 精灵的确切位置，enemy.rect.bottom 则包含 enemy 精灵底端的确切位置。if 语句就只是检查 enemy 的 bottom 是否大于道路的高度。如果是，就意味着对手车辆已经开出了屏幕，于是，代码把 enemy.rect.top 设置为 0，将其移回到屏幕顶部。

很酷吧？

唯一的问题在于，当对手重新出现在屏幕顶部时，它的水平位置和之前的一样。为什么呢？因为我们改变了垂直位置，而没有改变水平位置。

下面来改变这种情况。运用数学计算和 randrange() 方法，我们为对手车辆随机挑选初始水平位置，而每次把对手车辆放回顶部时，也可以这么做。用以下代码来替换将对手车辆移到屏幕顶部的代码：

```
# Calculate new random location
hl=IMG_ENEMY.get_width()//2
hr=IMG_ROAD.get_width()-(IMG_ENEMY.get_width()//2)
h=random.randrange(hl, hr)
v=0
# And place it
enemy.rect.center= (h, v)
```

这正是一开始用于放置 enemy 精灵的代码。它计算了位置范围的最小值和最大值，使用 randrange() 随机选择一个水平位置，并将垂直位置设置为 0（0 对应的是屏幕顶部，还记得吧？）

保存并运行代码。现在，对手车辆会开到屏幕底部，然后一个新的 enemy 会从屏幕顶部的随机位置出现。

如果对手撞上玩家的车会怎样？现在还不会发生任何事。实际上，我们现在甚至还不能进行闪避。接下来要解决这个问题。

重复的代码？

我知道你在想什么。我一直在说程序员超级讨厌重复性的代码，而我却重复使用了计算对手车辆位置的代码。

唉，太丢人了！

其实这只是临时代码。在之后的一章中，我们会加入对多个对手车辆图像的支持。到那时，我们将换掉这段代码。因为这段代码注定要被淘汰，所以我犯懒了，重复使用了代码。

但这只是例外，真的。我们的铁律是 DRY（Don't Repeat Yourself）！

移动玩家

enemy 精灵是自动移动的。每刷新一帧，它就会在屏幕上移动 5 个像素。

player 精灵不能自动移动，而是在玩家要让它移动时才移动。玩家要到键盘上的左、右方向键；按左方向键向左移动，按右方向键向右移动。显然，我们需要检查这些按键有没有被按下。同样，pygame 库使得这一点变得非常简单。

在游戏循环中，找到用于传输 player 精灵的代码，紧随其后，添加以下代码：

```
# Get keys pressed
keys=pygame.key.get_pressed()
# Check for LEFT key
if keys[K_LEFT]:
    # Move left
    player.rect.move_ip(-moveSpeed, 0)
#  Check for RIGHT key
if keys[K_RIGHT]:
    # Move right
    player.rect.move_ip(moveSpeed,0)
```

key.get_pressed() 返回包含所有可用按键的列表，被按下的按键为 True，没有被按下的则是 False。返回的列表保存在 keys 列表中，等待着我们的检查。如果 keys[K_LEFT] 是 True，那么就意味着左方向键被按下，以此类推。

各种各样的按键选项

可以看到，key.get_pressed() 返回所有可能被按下的键的列表，每个键都被设置为 True 或 False。在这个游戏中，只需要留意左方向键和右方向键。但在其他游戏中，可能需要测试组合键（Ctrl+A，或同时按下左方向键和上方向键），这可以通过检查返回列表中的多个值来轻松实现。

玩家按下左或右方向键时，我们该怎么做？答案是用 move_ip() 函数移动 player 精灵，就像之前对 enemy 精灵做的那样。

- 如果按下的是右方向键，就执行 Player.rect.move_ip(moveSpeed, 0)，将玩家向右移动 5 个像素（垂直方向移动 0 个像素）。
- 如果按的是左方向键，就以 -moveSpeed 移动，将玩家向左移动 5 个像素（但不是垂直方向）。注意这里的减号：moveSpeed 是 5，所以 -moveSpeed 是 -5，正如前面解释的那样。

保存修改并运行游戏。现在，玩家的车辆可以左右移动了。

但玩家的车辆能被移出屏幕！这和之前对手车辆移动时遇到的问题一样。

那么，该怎么做呢？处理 enemy 时，我们把精灵移回了屏幕顶部。但这种方法并不适用于 player 精灵。把 player 精灵移回中间怎么样？不！可以采用《吃豆人》的方式：移出屏幕的一侧后，在另一侧重新出现。

但就本例而言，更好的选择是根本不要让 player 精灵移出屏幕。

把检查左方向键的 if 语句改成下面这样：

```
if keys[K_LEFT] and player.rect.left > 0:
```

现在 if 语句会检查是否左方向键是否被按下，并确定 player 精灵左边矩形的 left 是否大于 0。如果 left 等于 0，那么说明玩家就已经到最左边了，不能再向左移动了。

检查右方向键的 if 语句也要修改：

```
if keys[K_RIGHT] and player.rect.right < IMG_ROAD.get_width():
```

这段代码检查 player 精灵左边的 right，以确保它没有超出道路的宽度（游戏屏幕的宽度）。

这种处理方式更好。玩家再也不会移出屏幕边缘了。但这还没完。作为程序员，我们需要预测代码如何使用，并为每种可能的情况做好准备。这里还有一个隐藏的问题不可避免地会在某个时候发生。

当玩家按下左或右方向键时，player 精灵会移动 5 个像素。并且，我们已经确保玩家不能移出屏幕的范围。但如果当前位置是水平方向的第 3 个像素呢？玩家按下左方向键后，代码将检查位置是否小于 0，如果不是，它就允许精灵移动。而这种情况下，从 3 个像素向左数 5 个像素是 -2，这意味着汽车的一部分处于屏幕的边缘之外。这不太理想了。

有几种方法可以解决这个问题。可以修改代码，检查距离屏幕边缘还有多少像素，如果小于 5，就视情况改变要移动的像素。还可以直接移动 player 精灵，并在超出屏幕范围时，把它推回去。

选择后一种方法试试看。以下是更新后的 player 精灵移动代码：

```
# Get keys pressed
keys = pygame.key.get_pressed()
# Check for LEFT key
if keys[K_LEFT] and player.rect.left > 0:
    # Move left
    player.rect.move_ip(-moveSpeed, 0)
    # Make sure we didn't go too far left
    if player.rect.left < 0:
        # To far, fix it
        player.rect.left = 0
#  Check for RIGHT key
if keys[K_RIGHT] and player.rect.right < IMG_ROAD.get_width():
    # Move right
    player.rect.move_ip(moveSpeed, 0)
    # Make sure we didn't go too far right
    if player.rect.right > IMG_ROAD.get_width():
        # To far, fix it
        player.rect.right = IMG_ROAD.get_width()
```

我们一起来梳理一下代码。

我们首先用 key.get_pressed() 来检查左或右方向键是否被按下。

如果左方向键被按下，而且和屏幕左侧边缘之间还有足够的距离，那么 move_ip() 就把 player 精灵的位置向左移动 5 个像素。这和之前的代码相同。有变化的是接下来的内容。一条 if 语句检查 player 矩形的 left 边是否小于 0，如果是，就意味着已经超出了屏幕边缘。这种情况下，就设置 player.rect.left=0，这样就把 player 精灵准确放在了屏幕的最左边。

然后，代码对右方向键进行同样的处理。如果 player 精灵的右边缘大于道路宽度，那就意味着已经超出了屏幕边缘。这种情况下，就设置 player.rect.right = IMG_ROAD.get_width()，将精灵放置在屏幕的最右边。

这样就好多了。现在，玩家汽车不仅能移动，而且还不会出现在不该出现的地方。

不过，当玩家汽车撞上迎面而来的对手车辆时，不会有任何反应。接下来，我们就要解决这个问题。

进行大量小的改动

在我们的代码中，player 精灵可以左右移动，在它移动得太远时，代码会纠正它的位置。

那么问题来了："这样做真的好吗？"如果玩家的车辆有一半移出了屏幕，然后又被代码推了回来，玩家看着不会觉得很奇怪吗？

答案是……不！完全不会。事实上，玩家对此一无所知。

我们可以对游戏画面进行任何改动，比如改变颜色、添加或删除像素、移动物品，做任何想做的事情，而玩家是看不到这些改动的。

为什么呢？正如前面所解释的那样，pygame 库实际上并不会更新显示，除非 pygame.display.update() 被调用。这意味着我们可以在玩家不知道的情况下移动精灵，调整它们，做任何事情。只有当我们想让玩家看到我们所做的改动时，他们才能看到。

这就是我们要把 pygame.display.update() 放在游戏循环最底部的原因。很高明吧？

挑战 21.1

游戏速度由 moveSpeed 变量来控制。它规定了对手应该前进多少个像素，以及每按一次左或右方向键后，player 精灵会移动多少个像素。

试着把 moveSpeed 值改为更小或更大的数字。感受下这个值的改变会对游戏造成怎样的影响。

挑战 21.2

　　我们用左右两个方向键来移动玩家的精灵。但并不是说一定要用这些键，而是可以自己设置。举个例子，许多游戏都是用 A 和 S 进行左右移动的。更新代码，使用自己想用的键位。最好看看 K_a 和 K_s。

　　或者也可以允许两套按键，让玩家用左方向键或 A 向左走，用右方向键或 S 向右走。这里有一个小提示：可以在 if 语句中简单用一个 or。如果这么做，注意要用小括号为条件分组，因为 if 语句中有 and 和 or 这两个条件。

小结

　　现在，我们有了可以移动的车辆。很不错。它们甚至能在撞车后仍然保持完好无损的状态，就像是穿过了对方的车体一样。尽管这种幽灵般的效果很酷，但我们需要正确处理碰撞。值得庆幸的是，这正好是下一章的主题。

第 22 章

碰撞，爆炸，轰鸣

　　现在，我们已经做出了一个可以玩的游戏。好吧，只不过玩家永远无法决出胜负。所以，是的，也许不是那么好玩。本章主要解决这个问题，同时还要增加记录分数和逐步增加游戏难度的功能。

撞车就算输

对手车辆向我们迎面驶来（还是说，是我们正在冲向对手车辆？）我们向左或向右移动进行闪避。这就是现在的游戏方式。

如果我们撞上迎面而来的车会怎样？现在什么事都不会发生，但实际上，撞车应该会导致游戏结束。这意味着我们需要能够检测碰撞，然后在发生碰撞时做出响应。

碰撞检测

在我们的游戏中，撞车确实是一种碰撞。但碰撞检测并不是这个意思。在游戏引擎中，碰撞检测是确定物体边界是否有重叠的过程。这一点至关重要。如果游戏允许玩家扔炸弹，那么玩家就需要知道炸弹是否击中了目标，即使游戏引擎根本不知道炸弹是什么。如果玩家靠近一扇门，游戏引擎就需要能让玩家进行一些操作，即使它不知道门是什么东西。《超级马里奥》中跳起来吃蘑菇，《精灵宝可梦》中抛出精灵球来抓捕宝可梦，也是如此。从游戏引擎的角度来看，正在进行的实际行动并不重要，重要的是物体之间的接触（炸弹和目标之间的接触，马里奥和蘑菇之间的接触，等等）。游戏引擎的碰撞检测系统负责检测物体何时相互接触，通过检查物体的边界来判断它们是否有重叠。举个例子，如果马里奥的边界与蘑菇的边界完全重叠，那么就说明发生了碰撞。游戏引擎会让玩家知道这一点，让玩家根据游戏情况来做出适当的响应（出于某种原因，吃下蘑菇后，马里奥会变成两倍大[①]）。

pygame 库简化了这一切。每个精灵都有一个矩形，当矩形的任意部分重叠时，就会发生碰撞。其他游戏引擎支持更复杂的碰撞检测设置，也可以处理不规则形状。

首先是碰撞发生时要执行的代码。我们将创建一个名为 GameOver() 的用户定义函数。它目前只负责退出游戏，之后我们将为它添加更多功能。

代码如下所示，可以将其添加到 Main.py 中。只需要记住一点：用户定义函数在使用前必须先定义。所以，需要把这个函数放在游戏变量被初始化之后，主要的游戏代码之前的某处：

```
# Game over function
def GameOver():
    # Quit Pygame
```

[①] 译注：《超级马里奥兄弟》中，有两种蘑菇，分别是使力量和个头变成两倍大的超级蘑菇（外形很像毒蝇伞，这种白杆杆红伞伞的蘑菇有致幻作用）和可以加一条命的蘑菇。据说，在各地发行的版本中，累计出现过 78 种蘑菇。

```
pygame.quit()
sys.exit()
```

这段代码真的很简单。事实上，前面出现过类似的代码。在第 19 章中，我们在主循环中添加了代码来允许玩家退出游戏。那段代码只是简单退出 pygame 并退出操作系统。以上代码的作用正是如此，调用 GameOver() 后，就会退出游戏。

那么，怎样调用 GameOver() 呢？我们需要添加碰撞检测。不过非常复杂，这里我们还是放弃了！

在游戏循环中添加这段代码。可以把它放到游戏循环中的任何地方，但最好是在所有精灵动作之后。所以，放在检查 QUIT 事件的代码之前或之后会比较好。代码如下所示：

```
# Check for collisions
if pygame.sprite.collide_rect(player, enemy):
    # Crash! Game over
    GameOver()
```

保存并测试游戏。躲开迎面驶来的车辆后，游戏继续运行，但一旦撞车，游戏就结束了。

这里的神奇之处在于 collide_rect() 函数。只需要给它传两个对象，它就会比较两个对象的边界所定义的矩形。如果两个矩形有任何重叠，该函数就会返回 True，否则返回 False。

这里，我们把两个精灵 player 和 enemy 传递给 corollide_rect()。只要避开迎面驶来的车辆，两个精灵就不会重叠，也就不会发生碰撞，corollide_rect() 函数返回 False。但如果撞车了，这两个精灵就会重叠，corollide_rect() 函数就会返回 True。发生这种情况时，GameOver() 函数会被调用，游戏随即退出。

比想象中的简单，对吧？这就是游戏引擎的魅力：只要打造好基础框架，引擎自然会为我们处理所有麻烦事。

在下一章中，我们要让 GameOver() 函数变得更加有趣。

追踪分数

现在，在《疯狂司机》中，玩家可以避开迎面驶来的车辆，直到撞车。为了增添游戏的趣味性，我们应该增加计分功能，这样一来，每成功避开一辆敌方车辆，玩家就能获得一分。我们需要对代码进行三个方面的改动。

- 需要一种方法来跟踪得分情况。
- 每避开一辆车，就要同步更新得分。
- 还需要一种方法来显示得分。

干脆我们把这些问题一次性全都解决掉。

追踪得分很简单，只需要一个需要时递增的变量。我们已经有了一个游戏变量，现在再增加一个。更新后的游戏变量如下所示：

```
# Game variables
moveSpeed = 5
score = 0
```

非常简单。

那么，怎样在游戏过程中增加得分呢？每避开一辆车，玩家就增加一分。换句话说，当敌方车辆到达屏幕底部时，就意味着它被玩家躲开了，需要增加玩家的得分。

这听起来是不是很熟悉呢？我们已经有在对手车辆到达屏幕底部时要执行的代码了。请看游戏循环中的 **if** 语句：

```
# Check didn't go off edge of screen
if (enemy.rect.bottom > IMG_ROAD.get_height()):
```

if 语句下的代码处理 **enemy** 精灵的位置。我们仍然可以用它来更新得分。在 **if** 语句下添加以下代码：

```
# Update the score
score += 1
```

现在，每次 **enemy** 到达屏幕底部时，就会回到顶部，并且 **score** 变量将增加 1（**score += 1** 是 **score = score + 1** 的简写）。

最后显示得分。刚开始做游戏的时候，我们是这样设置标题栏的：

```
# Set caption bar
pygame.display.set_caption("Crazy Driver")
```

标题栏可以随时更新，所以可以用来显示得分。将这段代码添加到游戏循环中，最好把它放在循环开头部分，在精灵代码之前（因为标题不受屏幕更新的影响）：

```
# Update caption with score
pygame.display.set_caption("Crazy Driver - Score " + str(score))
```

这段代码将在游戏的每次循环中更新游戏标题。**str(score)** 将分数转换为一个字符串，正如前面所示，我们用它建立了标题文本。在避开任何对手车辆之前，标题将是 Crazy Driver - Score 0（疯狂司机——0 分），而标题将随着分数的变化而更新。

保存后尝试一下。屏幕应该像下面这样，标题栏中显示的是得分：

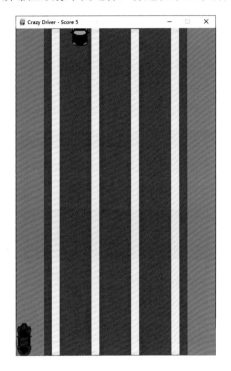

提高难度

我们的游戏太简单了。为了使它更有挑战性，我们要逐步提高游戏的速度，每次玩家成功避开敌方车辆，都会导致游戏速度加快。

这非常容易实现。

游戏速度由 moveSpeed 变量来控制，它被初始化为 5，所以，当游戏开始时，对手车辆每次向下移动 5 个像素。同样，player 精灵每次向左或向右移动 5 个像素。

要想让游戏速度加快，改动 moveSpeed 变量即可。我们希望每次玩家成功避开敌方车辆时都会导致游戏加速，因此可以使用那条用于增加玩家得分 if 语句。

添加这段代码（可以将其添加到递增得分的代码）：

```
# Increase the speed
moveSpeed += 1
```

保存文件后运行游戏。可以看到，每次避开一辆对手车辆，游戏速度都会加快。

移动速度的初始值是 5，但当玩家避开一辆车时，移动速度就会增加到 6，也就是说，对手车辆现在一次前进 6 个像素。再就对手车辆后，每次就会前进 7 个像素，以此类推。

可以发现，游戏速度在快速提高，甚至逐渐快到只能看见残影。这样合适吗？当然合适，只要这种效果确实是你想要的。但或许设置一个速度上限（也就是游戏无法超过的最高速度）会更好。要想这样做的话，需要在游戏变量部分再添加一个变量：

```
maxSpeed = 10
```

然后，改动用于提升游戏速度的代码，让移动速度只有在小于最大速度的情况下才可以增加，像下面这样：

```
# Increase the speed
if moveSpeed < maxSpeed:
    moveSpeed += 1
```

这样就可以了。

幸好没有硬编码

　　这个例子完美说明了为什么不要对数值进行硬编码。在第 21 章中，我们添加精灵移动特性时，原本可以在 move_ip() 函数调用中将 5 硬编码进去。事实上，这样做的话，游戏也能运行得很好，直到我们需要让游戏速度加快时。在硬编码的情况下，这是不可能实现的。通过为游戏速度创建一个变量，就算不是必需的，我们也可以让未来修改和添加可能的游戏特性变得更简单。

自己动手做游戏

　　可以随意改变游戏中的任何内容。可以让 score 每次增加 0.5，使游戏得分提升得更慢。或者可以用 moveSpeed *= 1.1 来更新 score（使得分每次乘以 1.1，所以一开始增加的速度会比较慢，但随着游戏的进行，速度会越来越快），使其呈指数级增长。也可以将最大速度设置为任何数值，或者不设置最大速度也行。只是要注意，在对手车辆的速度大于玩家汽车高度的情况下，两者可能永远不会相撞，因为两辆车都不会碰到对方。

　　这是你的游戏，所以完全可以自由发挥。

挑战 22.1

　　玩的时间越长，游戏速度就越快（也就越难）。但得分机制却没有变化，一直是每避开一辆车得 1 分。尝试改动得分机制，当游戏速度增加一倍时，玩家每避开一次对手车辆就能得到 2 分。

小结

　　现在，我们有了一个真正可以玩的游戏。玩家可以闪避对手车辆，但与此同时，玩家得分（和游戏速度）会增加。如果撞车，游戏就结束了。在下一章中，将为我们的游戏做一些收尾的工作。

第 23 章

最后的润色收尾工作

《疯狂司机》这款游戏的功能已经很齐全了。对于大约只有 100 行的代码来说，这已经很不错了！本章中，我们将增加一些亮点，这些小的细节可以使小游戏变成大制作。

优化游戏结束画面

当游戏结束时，程序就直接结束了：没有游戏结束画面，没有游戏结束提示信息，什么都没有。玩家甚至不能查看自己的最终得分。下面来改善这一点。我们创建了一个在游戏结束时调用的 GameOver() 函数。现在，它只负责清理工作，如下所示：

```
# Game over function
def GameOver():
# Quit Pygame
    pygame.quit()
    sys.exit()
```

我们要更新这个函数，让游戏在结束前的几秒显示如下所示的文本信息。

如果想要实现暂停几秒，就需要用到 time 库，其中包含暂停游戏所需要的 sleep() 函数。因此，在导入语句中加入 time 库：

```
# Imports
import sys, os, random, time
import pygame
from pygame.locals import *
```

相比用我们熟悉的 print() 函数来显示文本,用 pygame 来显示文本更复杂一些。放在图形屏幕上的对象都需要变成一个可以被 blit 的图形。

而且,我们指明字体和大小。我们将用变量来表示字体细节。拒绝硬编码! 在代码的变量声明中添加以下两行:

```
textFonts = ['comicsansms','arial']
textSize = 48
```

textFonts 是显示文本字体列表。pygame 允许我们使用计算机上安装的任何字体,这里用的是 Comic Sans 字体,因为它看上去很浮夸,特别适合《疯狂司机》这个游戏。

但是,如果有人在没有安装这种字体的计算机上玩《疯狂司机》,会怎样? 为了避免潜在的麻烦,还需要额外指定几乎所有计算机上都有的一种字体,比如安全(且乏味)的 Arial 字体。pygame 将按照指定的顺序尝试使用这些字体,所以它将优先考虑这种字体,如果计算机上安装了,就会使用它。但如果没有用,pygame 将使用备选的 arial。

textSize 是我们想要的字体大小,显而易见。

好了,现在来看看更新后的 GameOver() 函数。代码如下所示:

```
# GameOver function
# Displays message and cleans things up
    GameOver():
    # Game Over text creation
    fontGameOver = pygame.font.SysFont(textFonts, textSize)
    textGameOver = fontGameOver.render("Game Over!", True, RED)
    rectGameOver = textGameOver.get_rect()
    rectGameOver.center = (IMG_ROAD.get_width()//2,
                           IMG_ROAD.get_height()//2)
    # Black screen with game over text
    screen.fill(BLACK)
    screen.blit(textGameOver, rectGameOver)
    # Update the display
    pygame.display.update()
    # Destroy objects
    player.kill()
    enemy.kill()
    # Pause
    time.sleep(5)
    # Quit pygame
    pygame.quit()
    sys.exit()
```

保存代码后玩玩游戏。撞车后，屏幕上一片漆黑，显示一条大红的信息 Game Over！

下面来梳理一下代码。

首先，我们创建了一个名为 fontGameOver 的字体对象，并将字体名称和字号大小作为变量传给了它。

然后是用于在一个新的 surface 对象上绘制文本的 render() 方法，命名为 textGameOver.render()，接受要绘制的文本，被设置为 True 以平滑字体线条的反锯齿标志以及被设置为 RED 的文本颜色（使用之前创建好的颜色变量）。render() 还可以接受一个文本背景颜色，但我们跳过了这一点，因为之后要用背景颜色来填充整个窗口。

> **新术语**
>
> 反锯齿（antialiasing）　用像素绘制线条（包括构成文本的线条）时，线条边缘看起来可能会有锯齿。反锯齿是一种用来平滑处理边缘的技术。

接下来，我们获得对象的矩形并设置尺寸，就像对所有图像和精灵对象所做的那样。之所以这样做，是因为要像之前的汽车和背景图一样，把 Game Over 信息 blit 进去。

然后，用 fill() 将背景涂成黑色，就像第 19 章中做的那样，文本对象 blit 到显示屏上。随后，display.update() 更新屏幕以显示背景和文本。

随后是一些清理工作，销毁之前创建的 player 精灵和 enemy 精灵。

> **"杀掉"对象**
>
> Python 非常善于自我清理。如果我们创建了对象，而没有删除它们，Python 会自动替我们做这件事。但我们程序员通常都很喜欢亲自动手创建和删除对象，所以我们在这里明确清理了精灵。

我们希望"Game Over"！文本显示 5 秒钟，所以用 sleep() 函数进行了暂停，如下所示：

```
# Pause
time.sleep(5)
```

最后，我们退出了 pygame。

暂停

有些游戏允许玩家暂停游戏。怎样才能在我们的游戏中实现这一点呢？将 moveSpeed 设置为 0 的话，汽车就不会再移动，从而有效地实现游戏暂停。

有些棘手的是，如果要设置移动速度为 0，需要记住暂停之前的速度，这样才能在游戏继续时复原。

下面来试试看。目前，游戏使用左右方向键来控制汽车，而我们将增加对按下空格键的支持。按下空格键时，游戏暂停。松开空格键，游戏就继续。

新建一个游戏变量，名为 paused，并初始化为 False，我们将用它来跟踪游戏是否暂停了：

```
paused = False
```

接下来，需要修改游戏的循环。我们需要对用户按空格键做出响应，停止一切移动，在暂停期间，程序还需要忽略左、右方向键（我们不希望玩家能在对手车辆被暂停时移动）。

我们需要对处理按键的代码做一些改动，更新后的代码如下所示：

```
# Get keys pressed
keys = pygame.key.get_pressed()

# Are we paused?
if paused:
    # Check for SPACE
    if not keys[K_SPACE]:
        # Turn off pause
        # Set speed back to what it was
        moveSpeed=tempSpeed
        # Turn off flag
        paused=False
else:
    # Check for LEFT key
    if keys[K_LEFT] and player.rect.left > 0:
        # Move left
        player.rect.move_ip(-moveSpeed, 0)
        # Make sure we didn't go too far left
        if player.rect.left < 0:
            # To far, fix it
            player.rect.left = 0
    # Check for RIGHT key
    if keys[K_RIGHT] and player.rect.right < IMG_ROAD.get_width():
        # Move right
        player.rect.move_ip(moveSpeed, 0)
```

```
            # Make sure we didn't go too far right
            if player.rect.right > IMG_ROAD.get_width():
                # To far, fix it
                player.rect.right = IMG_ROAD.get_width()
        # Check for SPACE key
    if keys[K_SPACE]:
            # Turn on pause
            # Save speed
            tempSpeed=moveSpeed
            # Set speed to 0
            moveSpeed=0
            # Turn on flag
            paused=True
```

保存并运行代码。现在，按下空格键可以暂停游戏，松开空格键则可以继续游戏。

这段代码首先检查游戏是否被暂停。如果 paused 为 True，那么代码只响应唯一一个按键：空格键（keyK_SPACE）。当 keys[K_SPACE] 变为 False 时，就意味着空格键被松开，这时 moveSpeed 就会恢复原状，paused 被设置为 False。

如果游戏没有暂停，那么处理就继续。代码会检查左、右方向键是否被按下，并相应地移动玩家。而如果空格键被按下，当前移动速度就会被保存到一个临时变量中，以便之后恢复，并且，paused 被设置为 True。

这是实现暂停的一种方法。

挑战 23.1

我们创建了 paused 变量来跟踪游戏是否暂停：如果是，则为 True，如果不是，则为 False。这真的有必要吗？事实上，没有必要。还可以用 moveSpeed 方法来判断游戏是否暂停。只有在游戏暂停的情况下，moveSpeed 才为 0。修改代码以删除 paused 变量，并使用已有的 moveSpeed 变量来暂停（和继续）游戏。

形形色色的敌人

再来做一个更复杂的改进（"拍了拍你"，你现在已经是个专家了，所以没有什么可担心的）。

现在，游戏中只有一个对手，它开到屏幕底部，然后在顶部重新出现。这虽然可行，但同一辆车来来回回，看起来未免有些单调。如果随机使用的对手车辆图像不一样，游戏会更有趣。

如果这些汽车还有不同的大小，那就更有意思了，因为这会影响到障碍物的躲避和碰撞。

是的，多辆外观和大小不同的对手车辆会更好，所以呢，我提供了三张不同的汽车图片。

修改代码来支持多辆对手车辆并不难，只需要重复之前做过的事情。但要使其发挥作用，必须改动很多代码。我将梳理一遍关键的改动，同时，大家也可以随时在网站上下载这些代码。

现在，为了确保 enemy 精灵总是可用，我们在游戏循环之前创建了它。我们将根据需要来改动代码，创建和删除 enemy 精灵。因此，首先需要用于追踪有敌方车辆（如果有敌方车辆的话）的方法。把以下代码添加到游戏变量列表中：

```
eNum = -1
```

eNum 是活动的敌方车辆编号，第一个敌人是 0，第二个是 1，依此类推。由于 0 及以上可能是有效的敌人，所以用 -1 来表示没有敌人（因为 -1 不可能是有效的敌方车辆编号）。

接下来加载敌方车辆图片。目前我们只加载了一个，如下所示：

```
IMG_ENEMY = pygame.image.load(os.path.join(IMAGE_FOLDER, "Enemy.png"))
```

删除这行代码。这听起来有些武断，我知道。但你没有听错，我是认真的，删除它。或者把这行代码注释掉。

小贴士

注释掉代码（comment out code）　可以选择不删除代码，而是在它前面加一个 # 字符，把整行代码注释掉，像下面这样：

```
#IMG_ENEMY = pygame.image.load(os.path.join(IMAGE_FOLDER,
"Enemy.png"))
```

这样一来，在需要时，很容易把代码加回来。完成测试后，可以放心地把不需要的代码全部删掉。

IMG_ENEMY 是一个简单的变量，可以加载和存储一张图片。如果需要加载多张图片时，它就不适用了，因此，我们将用一个列表来替换这个变量。

以下是用来替换 IMG_ENEMY 变量的代码：

```
IMG_ENEMIES = []
IMG_ENEMIES.append(pygame.image.load(os.path.join(IMAGE_FOLDER, "Enemy.png")))
IMG_ENEMIES.append(pygame.image.load(os.path.join(IMAGE_FOLDER, "Enemy2.png")))
IMG_ENEMIES.append(pygame.image.load(os.path.join(IMAGE_FOLDER, "Enemy3.png")))
```

我们将 IMG_ENEMY 替换成一个列表，并将其命名为 IMG_ENEMIES。这个列表一开始是空的，如下所示：

```
IMG_ENEMIES = []
```

然后，用 append() 方法添加这三张图片，正如第 6 章中讨论的那样。

到目前为止，一切都还不错。

现在，我们需要鼓起勇气……然后删除更多代码。

我们在游戏主循环之前创建了 player 和 enemy 这两个精灵，对吧？ enemy 的位置和精灵的代码是下面这样的：

```
# Enemy
# Calculate initial enemy position
hl=IMG_ENEMY.get_width()//2
hr=IMG_ROAD.get_width()-(IMG_ENEMY.get_width()//2)
h=random.randrange(hl, hr)
v=0
# Create enemy sprite
enemy = pygame.sprite.Sprite()
enemy.image = IMG_ENEMY
enemy.surf = pygame.Surface(IMG_ENEMY.get_size())
enemy.rect = enemy.surf.get_rect(center = (h, v))
```

把这段代码全部删掉。我们再也不需要了，因为我们将在游戏循环中根据需要来创建精灵。

接下来，在游戏循环中加入以下代码，可以把这段代码放在 player 精灵的 blit 语句之后：

```
    # Make sure we have an enemy
    if eNum == -1:
        # Get a random enemy
        eNum = random.randrange(0, len(IMG_ENEMIES))
        # Calculate initial enemy position
        hl=IMG_ENEMIES[eNum].get_width()//2
        hr=IMG_ROAD.get_width()-(IMG_ENEMIES[eNum].get_width()//2)
        h=random.randrange(hl, hr)
        v=0
```

```
# Create enemy sprite
enemy = pygame.sprite.Sprite()
enemy.image = IMG_ENEMIES[eNum]
enemy.surf = pygame.Surface(IMG_ENEMIES[eNum].get_size())
enemy.rect = enemy.surf.get_rect(center = (h, v))
```

只有在还没有 enemy 的情况下，我们才会创建一个新的。这段代码使用 if 语句来检查是否有 enemy。如果 eNum 是 -1，就意味着没有，需要创建一个。

如果没有 enemy，就需要随机挑一个出来，如下所示：

```
# Get a random enemy
eNum = random.randrange(0, len(IMG_ENEMIES))
```

这段代码使用我们的"老朋友"randrange() 函数来返回 0 和 len（IMG_ENEMIES）之间的一个数字，这个数字保存在 eNum 变量中。由于 IMG_ENEMIES 中有三个敌人，eNum 将可能是 0，1 或 2。

除了一个非常重要的改动之外，其余代码和之前一样。我们用 IMG_ENEMIES[eNum] 替换了 IMG_ENEMY，因为访问的是一个列表项，而不是一个简单的变量。虽然逻辑是一样的，但这样一来，使用的就是随机选择的敌人了。

这个随机生成的敌人仍然被命名为 enemy。这确保了其余代码（包括移动 enemy 和提供碰撞检测的代码）仍然可以工作。这些都不需要改。

但确实还需要修改最后一个地方。当 enemy 精灵到达屏幕底部时会发生什么？之前，我们会把它移回顶部的一个随机位置。我们需要改为生成一辆新的对手车辆。

找到以这条 if 语句开头的代码：

```
if (enemy.rect.bottom > IMG_ROAD.get_height()):
```

删去所有用于移动 enemy 精灵的代码，换为以下代码：

```
# Check didn't go off edge of screen
if (enemy.rect.bottom > IMG_ROAD.get_height()):
    # Kill enemy object
    enemy.kill()
    # No enemy
    eNum = -1
    # Increment the score
    score += 1
    # Increase the speed
    moveSpeed += 1
    # Increase the speed
    if moveSpeed < maxSpeed:
        moveSpeed += 1
```

当 enemy 精灵到达屏幕底部时，不需要再把它移回顶部，只要"灭掉"它就行，如以下代码所示：

```
# Kill enemy object
enemy.kill()
```

然后把 eNum 设为 -1：

```
# No enemy
eNum = -1
```

标志和变量

代码需要知道我们是否有 enemy。我们创建了一个名为 eNum(代表敌人的数量) 的变量来记录这一点：－1 表示没有，其他任何值都是正在使用的 enemy 的索引。

那么，这个变量的存在是必要的吗？或许我们可以使用一个布尔标志，如果有 enemy，就将其设置为 True，如果没有，就设置为 False。这样，代码不就变得更简单了吗？

是的，确实可以这样做，而且代码也能更简单。但是，程序员需要预测自己接下来要做什么。在知道是否有 enemy 的基础上，我们要强化的下一个功能是知道 enemy 具体是什么。所以，考虑到未来的计划，我们选择了使用数字变量而不是布尔变量。

以上就是这部分的全部内容。在下一个游戏循环中，eNum 将会是 -1，然后，代码将使用前面创建好的代码，生成一个新的随机 enemy 精灵。

并且，我们还按计划删除了重复的敌方车辆的代码。

挑战 23.2

试试看在游戏中添加额外的对手车辆。可以自己创建 PNG 文件，也可以从网上下载。把图片保存到 Images 文件夹中，然后，把它们添加到 IMG_ENEMIES 中。

冰块

游戏现在可以显示不同的对手车辆了。只要撞上其中任何一辆，游戏就结束。这意味着玩家始终需要避开迎面而来的任何物体。

但我们可以通过引入有不同效果的物体来让游戏变得更加有趣，比如玩家可能想撞的物体。举个例子，如下图所示，假设道路上会随机出现这样的冰块。

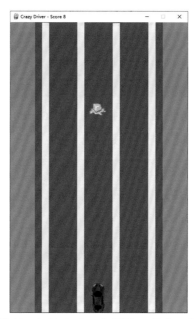

是的，这看上去有点荒唐，但游戏嘛，你懂的。总之，游戏中会随机出现冰块，玩家撞到冰块后，游戏速度就会慢下来，回到初始值，然后随着玩家闪避对手车辆，速度又开始增加。玩家肯定想去撞冰块，因为这样能使游戏持续时间更长。

有了之前写的支持多个敌人的代码，增加冰块这个功能实现起来非常简单。

把冰块添加到 **IMG_ENEMIES** 中：

```
IMG_ENEMIES.append(pygame.image.load(os.path.join(IMAGE_FOLDER, "IceCube.png")))
```

现在加载了四张图片。这时运行游戏的话，屏幕上会出现冰块，但撞上的话会导致游戏结束。为什么呢？因为碰撞检测并不区分敌人的类型。只要撞上任何敌人，都会导致游戏结束。

下面来做一些改动。但首先，在定义游戏变量的地方找到这行代码：

```
moveSpeed = 5
```

把这行代码改成下面这样：

```
startSpeed = 5
moveSpeed = startSpeed
```

moveSpeed 会随着游戏的进行而改变。撞上冰块后，moveSpeed 会被重置为初始速度，所以我们需要像前面那样保存初始值。

还有一处代码需要修改。找到下面这段碰撞检测代码：

```
# Check for collisions
if pygame.sprite.collide_rect(player, enemy):
    # Crash! Game over
    GameOver()
```

这段代码简单判定，如果有任何碰撞，就运行 GameOver() 函数。我们现在需要对冰块进行不同的处理，因此，把代码更新成下面这样：

```
# Check for collisions
if eNum >= 0 and pygame.sprite.collide_rect(player, enemy):
    # Is it enemy 3?
    if eNum == 3:
        # It's the ice cube, reset the speed
        moveSpeed = startSpeed
    else:
        # Crash! Game over
        GameOver()
```

现在，只有在屏幕上出现了敌方车辆时，代码才会检测碰撞，也就是当 eNum 为 0 或更大时。如果有碰撞，代码会检查玩家是与哪个敌方车辆发生碰撞。如果撞到 enemy3（对应的是列表中的第四个敌方车辆，我们知道，Python 从 0 开始计数），也就是冰块，游戏速度就会被重置为初始速度。如果是其他敌方车辆，则游戏结束。

保存并运行这段代码。可以看到和以前一样，玩家每躲过一辆对手车辆，游戏速度就会加快。如果撞上了冰块，游戏速度就会减慢到初始速度；如果避开了冰块，则不会有任何变化。

小结

在本章中，我们添加了许多能改善游戏体验的亮点作为点缀。我们增加了"Game Over!"来作为结束画面，还添加了游戏暂停功能，并引入了随机敌方车辆和不同类型的敌方车辆。在下一章中，我将给出其他的想法供大家尝试。

第 24 章

休息一下，动动脑子

　　你已经成功制作了一个有趣且功能完善的游戏，恭喜！但是，程序员永远不会满足于现状，他们总是对更新颖、更炫酷的功能孜孜以求。本章中，我将带来可以采取下一步行动的几个设想，并给出一些提示或指引来帮助大家持续改进，精益求精。

启动画面

先从一个简单的功能开始。现在，《疯狂司机》游戏开始运行和启动。没有游戏介绍，没有警告，没有单击启动，而是直接就开始游戏（因为我们就是这样编程的）。大多数游戏开始时都有启动画面，用于显示游戏名称，或许还有操作说明（比如告诉玩家使用什么键）以及游戏制作者的名字（顺带一提，就是你的名字）。

那么，怎样创建启动画面呢？可以将 `GameOver()` 代码用作起点。把它复制到 `GameStart()` 函数中，在主游戏循环之前调用该函数。可以继续使用黑色背景，或是使用任何其他颜色也行。还可以用道路图片作为背景。

还需要决定启动画面如何消失，游戏如何开始。是像"Game Over!"那样的定时暂停呢，还是用户需要按一个键或单击一个按钮来开始游戏呢？两种选择都是可行的，请自行决定。

分数和最高分

现在的游戏结束画面中只写着"Game Over!"这几个字，有点儿没意思。至少也应该像下图一样显示玩家的得分。

问题是 pygame 不能显示带有换行符的文本，所以想创建这样的显示，需要第二组对象：另一个 SysFont，另一个 render()，另一个矩形，等等。还要 blit 新文本。

为了简化这个过程，其实可以直接复制游戏结束语句块并粘贴，只需要修改其中对象的名称即可（比如改成 fontGameOver2，textGameOver2，等等）。这么做能让结束画面更有趣（和有用）。但要确保使用不同的位置值，否则，第二行文本会与第一行重叠。

但如果真的想提升游戏水平（双关语），还可以像下图一样显示最高分。

要想做到这一点，需要有以下工作流程。

1. 玩家开始游戏。

2. 游戏结束后，检查是否保存过最高分。

3. 如果没有保存最高分，那么当前游戏分数就是最高分。

4. 如果保存有最高分，就从保存文件中读取它并与当前的游戏分数进行比较。如果当前分数大于现有最高分，那么当前游戏分数将成为新的最高分。

5. 在屏幕上显示最高分。

6. 将最高分保存到文件中，以便用在下一局游戏中。

显示最高分与显示当前分数很相似。需要用新的字体和文本对象来把文本绘制到显示屏上。

至于如何读取和保存最高分文件，请参考第 18 章的"保存和读取"小节。

路面油污

在第 23 章中，我们增加了冰块类型的敌人。撞到它之后，游戏速度会变慢。

现在，再来添加一个或称路面油污类型的敌人 [①]。Images 文件夹里应该有一张名为 Oil.png 的图片，它在游戏中看起来是下图这样的。

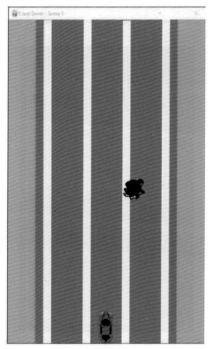

要想使用它的话，需要像下面这样做。

- 添加一行代码，将 Oil.png 追加到 IMG_ENEMIES 列表中。如果在末尾处（在冰块之后）添加它的话，它将是第四个列表项。

- 在碰撞检测代码中，检查 eNum == 4（意味着玩家碰到了路面上的油污），如果是 4，就对玩家使使坏。

至于撞到油污会有什么后果，那就由你决定了。下面有一些点子。

- 可以随机将玩家向左或向右移动几个像素。就连移动的距离也可以随机决定。

- 可以让左键和右键在几秒钟内失灵。

- 可以颠倒按键，按下左方向键会向右移动，右方向键向左移动。

---

① 译注：根据相关道路法规，造成路面油污的车辆会被判承担赔偿责任。因为行驶中的车辆如果遇到路面上有油污，容易打滑而造成意外。

- 可以让整个屏幕变黑几秒钟，就像油被溅到挡风玻璃上一样。

嘿，我在说要使坏的时候，可不是在开玩笑呦！

还有一件事。现在，玩家每避开一个敌人就会加一分。这个机制只对汽车这种类型的敌人有意义。但现在我们添加了冰块和路面油污。只要玩家成功避开这两种类型的敌人，就要给玩家加分（并提高游戏速度）吗？也许应该，也许不应该。你是程序员，完全由你来决定。如果只想在躲开对手车辆时改变得分和速度，就需要在碰撞检测中添加一条 if 语句以及必要的代码。

多个敌人

现在，《疯狂司机》中一次只出现一个敌人。如果想真正提高游戏的难度，可以一次显示多个敌人，让它们在不同的时间出现在道路上的不同位置，很难成功避开它们。

这的确是一个比较复杂的改进，下面是一些说明和提示。

- 需要决定新敌人出现的频率。是随机的？还是每隔几秒出现？还是每增加 5 分就增加一个敌人（也就是在达到 5 分时增加一个敌人，10 分时增加两个，15 分时增加三个，以此类推）？
- 参考之前创建和杀掉敌人对象的方法（在更改代码以支持多个图像文件时添加的），可以使用同样的技术来按需创建敌人。
- 可以独立操控精灵，但那样很麻烦。更好的选择是使用精灵组。可以像这样创建一个组：

```
enemies = pygame.sprite.Group()
```

然后，每当生成新的敌人，就把它们添加到组中，如下所示：

```
enemies.add(enemy)
```

可以一次性 blit 整个组，还可以灭掉一个组以直接灭掉其中的所有成员。

- 要移动所有组成员时，可以用 for 循环来移动每个成员，如下所示：

```
for enemy in enemies:
```

- 精灵组也能简化碰撞检测。不必单独检测每个精灵，而是可以使用 spritecollideany() 函数，它能检查一个组中的任何精灵是否发生了碰撞。

正如我提到的，这个改进确实比较复杂。但有了前面所学的知识，大家肯定能够做到。

下一步计划

现在，一个趣味游戏的框架已经建好了，这是一个可以充分发挥创造力的游戏。那么，接下来开始发挥创造力吧！想想还能添加哪些功能。下面有一些点子。

- 把物体（比如蘑菇）放在道路上，撞到它能暂时改变玩家汽车的大小。车身变得更大后，更有可能撞上对手车辆，车身变得更小，则更容易避开对手车辆。
- 无敌药水怎么样？碰到无敌药水后，玩家在几秒钟之内无敌，撞到对手车辆也不会结束游戏。
- 或者用临时盾牌来抵挡迎面而来的车辆？举起盾牌，对手车辆便被推到一边，不会撞到玩家。
- 添加火力。撞到一类物体后，玩家就可以射击对手车辆。或许还可以让这种行为得分更多。
- 可以允许玩家向前和向后移动来加强控制。可以把它作为核心游戏的一部分，也可以在达到一定分数后才解锁，还可以在撞到某个特定物体后暂时解锁。
- 另一个想法是增加跳跃按键，让玩家可以跃过对手车辆。需要想好如何在画面中显示跳跃，要么改变玩家汽车的图像，要么把它放大，模拟出更接近于镜头的效果。

这些点子可行性很高，而且，所有这些功能都可以使这款游戏成为你的独家游戏。

小结

在本章中，我提出了一些想法，这些想法可以使《疯狂司机》这款游戏更出色。我还给出了许多点子，让大家可以对游戏进行更多扩展。

欢迎进入精彩的 Python 大世界

恭喜，你已经是一名如假包换的程序员了！

你已经一路来到了本书的结尾，并在这个过程中掌握了可以终生受用的重要编程技能。我希望你认为这段经历充满了参与感和乐趣。

但是，正如我在这段旅程开始时所说的那样，程序员永远不会停下脚步，因为总有更多新的知识需要学习，特别是在科技不断发展的情况下。

因此，在说再见之前，我想再分享一些想法和思路，谈谈下一步该学什么以及该做什么。

接下来，我们就开始吧。

Python 还有更多精彩内容

本书中介绍了 Python 的很多知识。就像你已经发现的那样，Python 是一种有趣而直观的语言，它让入门变得很简单，但别被这种简单给蒙骗了。其实，Python 的功能无比强大，这就是为什么它是世界上使用得最多的语言。

因此，我希望你能继续深入了解 Python。

- 我们已经对类进行了一些研究，但还远远不够。如果让我选出一个推荐你首选一个领域来钻研，我会选择类。实际上，尝试不使用一长串代码块，而是用类来重写《疯狂司机》，就是一个很不错的练习。你会发现，这么做要写更多的代码，而不是更少。但完成后，可以更方便地增加游戏的功能和复杂性。而且，为了帮助你起步，我上传了一个基于类的游戏版本，可以从本书的网站下载。

- 本书没有涉及有关处理数据和外部数据文件的知识。这些类型的项目往往不那么有趣和好玩，因此本书没有将它们包括在内。但现在，数据科学家供不应求，而 Python 正是处理数据的热门方法之一。可以在网上搜索一下有关项目的构想，寻找那些涉及 XML 文件、JSON 和任何大型数据集的数据项目。网上有很多这样的项目，也有许多优秀的例子可以参考。

网页开发

网站和网络应用很有趣，但因为构建它们需要用到许多不同的语言和技术，所以在有趣的同时，这些项目也很有挑战。那么，网站开发都涉及哪些方面呢？

- 网页是用 HTML 创建的。HTML 是一种语言，但它不是专业的编程语言（因此没有 if 语句，没有循环，没有变量），而是一种标记语言，用于布局网页元素。HTML 由网页浏览器（如 Chrome、Safari、Edge 和 Firefox 等）读取，浏览器通过这种方式来知道要显示什么。好消息是，HTML 非常好学。然而坏消息是，单独的 HTML 并没有什么作用。

- CSS（层叠样式表），一种用于设计和格式化网页和元素的语言。

- 与 HTML 和 CSS 不同，JavaScript 确实是一种编程语言。它几乎是和互联网同时诞生的，因为没有它，互联网会非常无趣。JavaScript 在网页浏览器中运行，它负责为网页增加互动性。如果把鼠标移到网页上的某个项目上，然后网页中显示出内容，那就是 JavaScript 的功劳。JavaScript 是一种编程语言，它并不难学，更多用来写很多小代码块，而不是完整的应用。关键在于，像 HTML 一样，JavaScript 在浏览器中运行。如果网站或应用程序要做更复杂的事情，它的一部分就需要在服务器或云端运行。

- 几乎每个网络应用都有一个服务器后端。它就是将整个应用程序黏合在一起的胶水，而且它往往是网络应用最大的一部分。用什么语言来编写网络应用程序的后端呢？很高兴地告诉你，Python 就是一个不错的热门之选。Python 本身并没有任何针对网络的库或技术，但可以使用社区创建的一些第三方库。其中一个非常流行的库名为 Flask，它让生成网页和响应网页变得非常简单。除了 Python 以外，还可以使用 Java、PHP、.NET 等语言来编写后端应用。

- 大多数网站都需要存储和访问数据（登录、购买的物品、用户资料、游戏分数等等）。这种类型的数据存于数据库中，而用于处理数据库的语言称为 SQL。幸运的是，SQL 是一种很容易学会的语言，只不过可能需要一段时间才能掌握。

> 小贴士
>
> 学习 SQL　如果想学习 SQL，我可以推荐一本书。这是目前最畅销的 SQL 书，是由本书作者之一写的，可以在以下网址找到这本书：https://forta.com/books/0135182794/。

开发移动应用

有些事儿真的不适合用 Python 来做，那就是开发移动应用。在这方面，最好使用其他语言。

- 编写 iOS 系统的应用程序（也就是说，这些应用将在 iPhone 和 iPad 上运行），最好使用 Swift。这是一种比较新颖的语言，很容易学习和使用，而且开发人员非常喜欢用它。iOS 应用程序也可以用 Objective C 来写，它是 C 语言的一种变体。C 语言是最强大的编程语言之一，但学习和掌握的难度比较大。

- Android 应用程序是用 Java 写的，它是最常用的编程语言之一。Java 也有很多其他用途（通常用于服务器端和后端代码），它是 Android 开发的首选语言。

像网页应用一样，移动应用也可能需要后端。前面提到的有关网站的选项也都适用于移动应用。

游戏制作

第Ⅲ部分中，我们使用 pygame 创建了一个图形游戏。pygame 很有趣，很好用，而且相当强大。但它并不是一个全面的游戏引擎。如果真的想制作游戏，可以试试 Unity，它是目前使用最广泛的游戏引擎和平台。使用 Unity 的话，能为每个主流的操作系统、移动设备和游戏平台（包括任天堂 Switch、索尼 PlayStation 和微软 Xbox）制作游戏。

Unity 游戏是用 C# 编写的，它是一种基于 C 和 C++ 的编程语言。对了，现在你已经很熟悉 Visual Studio Code 了，应该会很高兴地知道 Unity 的开发是用 Visual Studio（VS Code 的"大哥"）来完成的，所以会觉得它的 IDE 看起来很眼熟。

精彩仍在继续

完成本书的学习之后，请访问 https://forta.com/books/0137653573 或扫描下面的二维码。在那里，可以找到作者提供的更多链接和想法。

小贴士

想查看作为奖励章节的第 25 章（目前为英文版）吗？可以在网上找到它。访问前面的链接或扫描二维码即可。

在此，感谢大家加入我们的这段旅程。我们迫不及待地想要看到大家的作品了！

中英文术语对照及函数与方法

符号

+ (addition) operator 加法运算符
= (assignment) operator 赋值运算符
== (equality comparison) operator 等于运算符
// (division) operator 整除运算符
/ (division) operator 除法运算符
% (modulus) operator 取模运算符
# (pound sign)commenting 注释
- (subtraction) operator 减法运算符
* (multiplication) operator 乘法运算符

A

antialiasing 反锯齿
append() 函数
arguments 参数
    commas 逗号分隔
    naming 命名
    passing 传递
    range() 函数
    self 自身
    user-defined functions 用户定义函数
    variables 变量
arrays 数组
ASCII
assignment operator (=) 赋值运算符
asterisk (*) 星号
attributes 属性

B

backslash (\) 反斜杠
battling enemies 与敌人交战
birthday countdown 生日倒计时
    datetime 变量
    program flow 项目流程

    requirements 需求
blit() 函数
bugs 缺陷

C

Call of Duty 《使命召唤》
calling a function 调用函数
case sensitivity 大小写敏感
    color variables 颜色变量
    variables 变量
choice() 方法
choosing random items 随机选择项目
Chromebook
classes 类
    creating 创建
    datetime 变量
    dictionaries 字典
    initializing 初始化
    instantiation 实例化
    player management system 玩家管理系统
    properties 属性
    reusability 可复用性
    str 字符串
    testing 测试
code(ing) 编程
    coloring your output 为输出设置颜色
    commenting 注释
    debugging 调试
    duplicate 重复
    executing 执行
    indentation 缩进
    open source 开源
    optimizing 优化
    planning 规划
    pseudo 伪代码